植村直己《うえむらなおみ》と氷原《ひょうげん》の犬《いぬ》アンナ

北極圏《ほっきょくけん》横断《おうだん》の旅《たび》を支《ささ》えた犬《いぬ》たちの物語《ものがたり》

関《せき》 朝之《ともゆき》／作《さく》
日高《ひだか》康志《やすし》／画《が》

ハート出版

はじめに

北海道帯広市《ほっかいどうおびひろし》の「おびひろ動物園《どうぶつえん》」は、町《まち》の中心《ちゅうしん》から少《すこ》しはなれた小高《こだか》い丘《おか》の上《うえ》にあります。けして大《おお》きな動物園《どうぶつえん》ではありませんが、地域《ちいき》の人《ひと》たちに愛《あい》され続《つづ》けています。

そんな「おびひろ動物園《どうぶつえん》」の中《なか》に、「氷雪《ひょうせつ》の家《いえ》」と呼《よ》ばれる記念館《きねんかん》が、ひっそりとたっています。この半円球《はんえんきゅう》をした不思議《ふしぎ》な空間《くうかん》に入《はい》ると、ソリをひっぱる五頭《とう》のエスキモー犬《けん》のはく製《せい》と、犬《いぬ》ゾリを操《あやつ》る男《おとこ》の人《ひと》の人形《にんぎょう》が目《め》に飛《と》び込《こ》んできます。

犬《いぬ》ゾリをひっぱる先頭《せんとう》のメス犬《いぬ》の名前《なまえ》は「アンナ」といって、この物語《ものがたり》の主人公《しゅじんこう》です。そして、ソリを操《あやつ》っている男《おとこ》の人《ひと》は、冒険家《ぼうけんか》・植村直己《うえむらなおみ》さんです。

アンナたちのはく製《せい》と再現《さいげん》された植村《うえむら》さんの雄姿《ゆうし》（おびひろ動物園「氷雪の家」所蔵）

植村《うえむら》さんは、氷《こおり》と雪《ゆき》に閉《と》ざされた未知《みち》の世界《せかい》に強《つよ》く心《こころ》ひかれ、たったひとりでグリーンランドをスタートして、カナダ北極《ほっきょく》圏《けん》を通《とお》ってアメリカ・アラスカ州《しゅう》までに至《いた》る「北極圏《ほっきょくけん》一万《まん》二千《せん》キロ」を犬《いぬ》ゾリで走《はし》りぬけました。

植村《うえむら》さんは、その旅《たび》の命綱《いのちづな》ともいえるエスキモー犬《けん》十二頭《とう》を、出発地点《しゅっぱつちてん》より少《すこ》し南《みなみ》の町《まち》で買《か》い求《もと》めました。アンナは、その中《なか》の一頭《とう》で、旅《たび》のスタートからゴールまで、植村《うえむら》さんと行動《こうどう》をともにした、ドッグチームのリーダー犬《けん》でした。

現地《げんち》で暮《く》らすイヌイットおよびエスキモーの人《ひと》たちにとって、アンナのようにソリをひくエスキモー犬《けん》のほとんどは、労働《ろうどう》をさせるための使役犬《しえきけん》であり、たいせつにかわいがるペットではありません。中《なか》にはペットのように飼《か》っていた人《ひと》がいたのかもしれませんが、ほとんどの人《ひと》が使役犬《しえきけん》として働《はたら》かせていました。だから、植村《うえむら》さんは、犬《いぬ》たちの主人《しゅじん》として、すきを見《み》せないように厳《きび》しくふるまい、家畜《かちく》のようにソリをひかせていました。その一方《いっぽう》、犬《いぬ》たちも植村《うえむら》さんに心《こころ》を開《ひら》かず、旅《たび》の途中《とちゅう》で逃《に》げ出《だ》してしまったのは、一頭《とう》や二頭《とう》ではありませんでした。

このような具合《ぐあい》ですから、旅《たび》の間《あいだ》には犬《いぬ》のトラブルがたくさんおこりました。犬《いぬ》に逃《に》げられたり、死《し》なれたり……。そのたびに植村《うえむら》さんは、途中《とちゅう》で立《た》ち寄《よ》った村《むら》で新《あたら》しい犬《いぬ》を買《か》い、ドッグチームを作《つく》り直《なお》していきました。

ところが、襲《おそ》いかかる大自然《だいしぜん》の困難《こんなん》を犬《いぬ》たちと切《き》りぬけていくうちに、植村《うえむら》さんと犬《いぬ》たちは、少《すこ》しずつ心《こころ》が通《つう》じ合《あ》ってきます。ゴールが近《ちか》づくにつれて、植村《うえむら》さんには「家畜《かちく》」として扱《あつか》っていた犬《いぬ》たちが「家族《かぞく》」のように思《おも》えてきたのです。

つまり、植村《うえむら》さんは、イヌイットやエスキモーの人《ひと》たちのように心《こころ》の底《そこ》から犬《いぬ》を道具《どうぐ》のようには扱《あつか》えなかったのです。

そんな植村《うえむら》さんと、リーダー犬《けん》アンナたちには、どのような物語《ものがたり》があったのでしょうか……。

植村直己《うえむらなおみ》と氷原《ひょうげん》の犬《いぬ》アンナ◆目次《もくじ》

第《だい》二章《しょう》　生《い》きぬいた「北《きた》の大地《だいち》・北海道《ほっかいどう》」

＊エスキモー犬＝アラスカン・マラミュート犬、シベリアンハスキー犬、サモエド犬、グリーンランド犬、カナディアン・エスキモー犬などを総称した大型のスピッツ。家畜化した動物として野外生活に適し、極地の烈風の吹きすさむ厳しい寒さにも負けない耐久力を発揮する数少ない生き物。ソリ引き、狩猟犬などに古くから使われてきた。

＊イヌイットおよびエスキモー＝東はグリーンランドから西はチュクチ半島までの広い範囲のツンドラ気候地帯で生活をするモンゴル系の狩猟民族。かつては「エスキモー」と総称されていたが、「生肉を喰う輩」という意味があることから、一九七〇年以降、カナダでは大多数の現地人たちが「人間たち」を意味する「イヌイット」と自称している。ただし、言語の違うアラスカでは、「イヌイット」と呼ばれることは逆に差別だと感じ、「エスキモー」を自称している。本書の記述もこれに準拠する。

第《だい》一章《しょう》　駆《か》けぬけた「厳寒《げんかん》の北極圏《ほっきょくけん》」

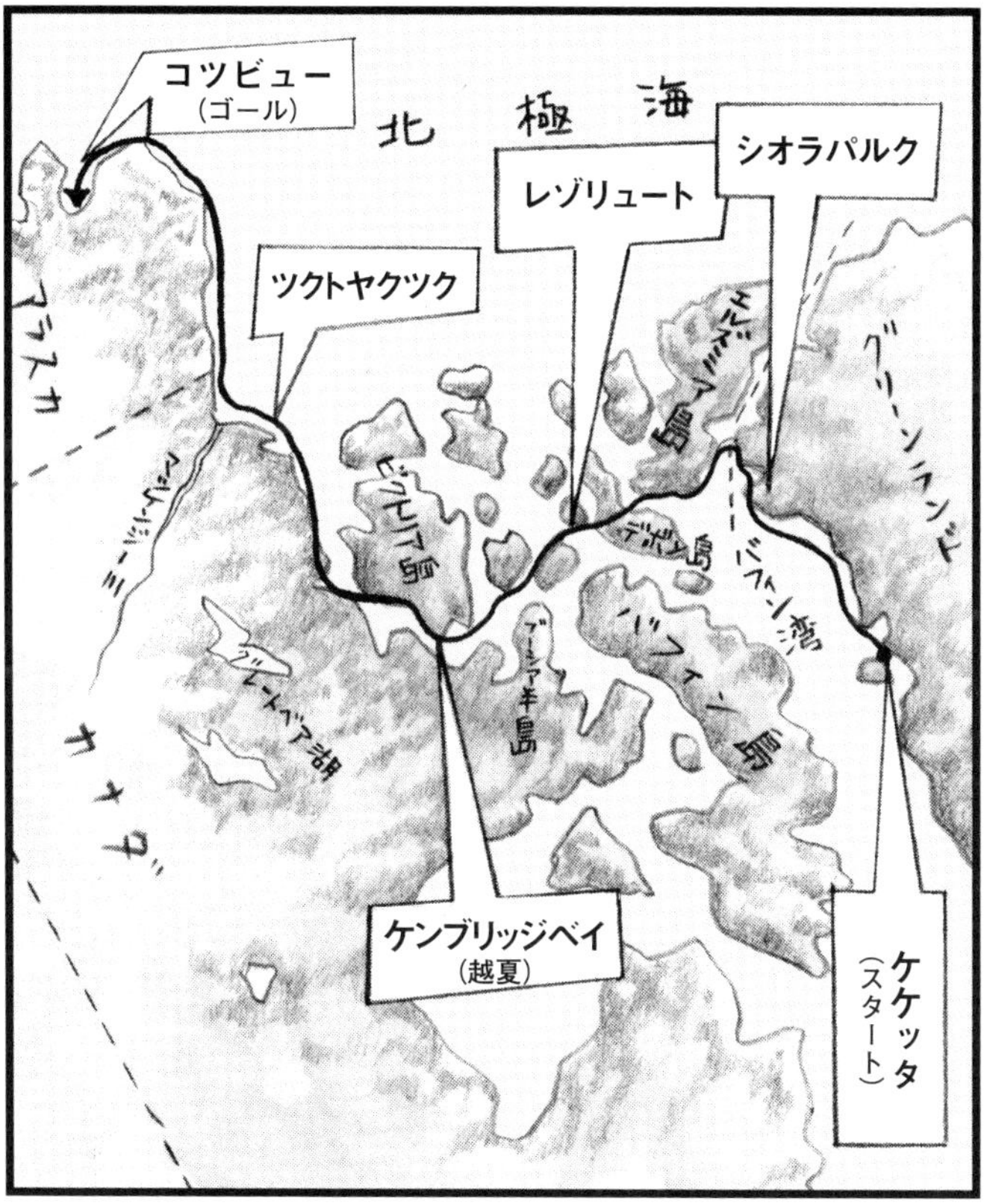

「北極圏単独犬ゾリ一万二千キロの旅」
グリーンランド（ケケッタ～ウパナビック～シオラパルク）
カナダ（レゾリュート～ケンブリッジベイ～コッパーマイン～ツクトヤクツク）
アラスカ（コツビュー）

灰色《はいいろ》のメス犬《いぬ》

世界《せかい》地図《ちず》を広《ひろ》げてみてください。地球《ちきゅう》のてっぺんである「北極点《ほっきょくてん》」を中心《ちゅうしん》とした北緯《ほくい》六十六度《ど》三十三分《ぶ》のところに点線《てんせん》が引《ひ》かれているのがわかりますか？　その点《てん》線《せん》の内側《うちがわ》を「北極圏《ほっきょくけん》」といいます。

そこには「長《なが》い冬《ふゆ》」と「短《みじか》い夏《なつ》」の二《ふた》つの季節《きせつ》しかありません。冬《ふゆ》の間《あいだ》はマイナス四十度《ど》にもなり、陸《りく》も海《うみ》も雪《ゆき》と氷《こおり》に閉《と》ざされてしまいます。けれども、夏《なつ》になれば一部《ぶ》の氷《こおり》がとけて湿地《しっち》になり、長《なが》い冬《ふゆ》の間《あいだ》、寒《さむ》さにたえてきた生《い》き物《もの》たちは、短《みじか》い夏《なつ》を楽《たの》しみながら草原《そうげん》を跳《と》びまわります。

また、北極圏《ほっきょくけん》にすっぽり入《はい》る地域《ちいき》では、夏《なつ》に一日中太陽《にちじゅうたいよう》がしずまない「白夜《びゃくや》」や、

冬《ふゆ》に太陽《たいよう》がのぼらない「極夜《きょくや》」が何日《なんにち》も続《つづ》き、空中《くうちゅう》に美《うつく》しいオーロラも現《あらわ》れます。

それと、カナダ北極圏《ほっきょくけん》には、北米大陸《ほくべいたいりく》の北《きた》に位置《いち》するクイーンエリザベス諸島《しょとう》とカナダ本土《ほんど》のヌナブト準州《じゅんしゅう》という日本《にほん》の五倍以上《ばいいじょう》の面積《めんせき》を持《も》つ場所《ばしょ》があります。ここは、小《ち》さな村《むら》や町《まち》がある以外《いがい》は、人間《にんげん》が住《す》んでいない野生地帯《やせいちたい》です。つまり、たくさんの動物《どうぶつ》が、日本《にほん》の何倍《なんばい》もの広《ひろ》い大草原《だいそうげん》で野生《やせい》のままに暮《く》らしているのです。

そんなアラスカやカナダ、グリーンランドに住《す》むモンゴル系《けい》の狩猟民族《しゅりょうみんぞく》は「イヌイット」および「エスキモー」と呼《よ》ばれていて、冬《ふゆ》から春《はる》にかけてはアザラシやホッキョクグマ、夏《なつ》にはカリブーやクジラ、鳥《とり》などを獲《と》って生活《せいかつ》しています。

一九七四（昭和《しょうわ》四十九）年《ねん》十二月《がつ》十一日《にち》——。

北極圏《ほっきょくけん》のグリーンランドのヤコブスハウンという町《まち》に、一台《だい》のヘリコプターが降《お》りてきました。その中《なか》から、ひとりの小柄《こがら》な日本人《にほんじん》が降《お》りてきました。植村直己《うえむらなおみ》さんです。

植村《うえむら》さんは、今回《こんかい》の冒険《ぼうけん》である「単独犬《たんどくいぬ》ゾリ北極圏《ほっきょくけん》一万《まん》二千《せん》キロの旅《たび》」のスタート地点《ちてん》の町《まち》に到着《とうちゃく》したのです。

植村《うえむら》さんは、茶色《ちゃいろ》の小《ちい》さな家《いえ》が点々《てんてん》と建《た》っている三千人《ぜんにん》ほどが暮《く》らすこの町《まち》で出発《しゅっぱつ》の準備《じゅんび》をしようと考《かんが》えていました。それは、まずソリを作《つく》ること。そして、ソリをひいてくれるエスキモー犬《けん》を買《か》いそろえて、ドッグチームを作《つく》ることです。

植村《うえむら》さんは町《まち》のホテルに泊《と》まることにしました。すると「犬《いぬ》を欲《ほ》しがっている外国人《がいこくじん》がいる」と、どこからか聞《き》きつけた地元《じもと》の人《ひと》たちが、次々《つぎつぎ》と部屋《へや》を訪《たず》ねてきました。植村《うえむら》さんは、その中《なか》のひとりであるおじいさんの家《いえ》に、犬《いぬ》を見《み》に行《い》くことにしました。

その道《みち》の途中《とちゅう》、どこの家《いえ》の前《まえ》でも、凍《こお》りついた土《つち》の上《うえ》に大《おお》きなエスキモー犬《けん》が死《し》んだようにふせていました。イヌイットの人《ひと》たちにとって、犬《いぬ》はソリをひっぱって、アザラシやホッキョクグマ、セイウチ、クジラ、野鳥《やちょう》、魚《さかな》などを獲《と》るための生活《せいかつ》の道具《どうぐ》でした。だから、家《いえ》の中《なか》に入《い》れて、ペットのようにかわいがりはしません。

おじいさんの家《いえ》に着《つ》いた植村《うえむら》さんは、冷《つめ》たい地面《じめん》に丸《まる》まっている犬《いぬ》たちを見《み》ていました。すると、おじいさんは長《なが》いあごひげをなでながら、話《はな》しはじめました。

「去年《きょねん》、このあたりの海《うみ》は凍《こお》らなかったので、犬《いぬ》にソリをひかせることができなかったんじゃよ。だから、買《か》い手《て》があまりおらず、優秀《ゆうしゅう》な犬《いぬ》が売《う》れずに残《のこ》っておるよ」

植村《うえむら》さんは、身振《みぶ》り手振《てぶ》りを交《まじ》えて、おじいさんに伝《つた》えました。

「いま、この町《まち》で犬《いぬ》を買《か》ってもいいのですが、まだ海《うみ》には完全《かんぜん》に氷《こおり》がはっていません。だから、犬《いぬ》ゾリの訓練《くんれん》ができないのです。その間《あいだ》、犬《いぬ》たちに食《た》べ物《もの》だけを与《あた》えるお金《かね》の余裕《よゆう》はありません。それならば、いっそスタート地点《ちてん》であるケケッタ村《むら》で犬《いぬ》を買《か》おうと考《かんが》えています」

ケケッタ村《むら》はグリーンランド西海岸《にしかいがん》メッソア半島《はんとう》のつけ根《ね》にある小《ちい》さな集落《しゅうらく》で

す。

「それはやめたほうがいい。ケケッタでは、優秀《ゆうしゅう》な犬《いぬ》は手《て》に入《はい》らないよ。あのあたりは、ここよりも寒《さむ》くて、もう海《うみ》は凍《こお》っている。だから、犬《いぬ》たちはソリをひっぱって、魚《さかな》やアザラシ猟《りょう》に出《で》かけているじゃろう。遊《あそ》んでいる犬《いぬ》はおらんはずじゃ。もし、おったとしたら、それは使《つか》いものにならないダメ犬《いぬ》じゃよ」

植村《うえむら》さんは、おじいさんの忠告《ちゅうこく》を聞《き》き入《い》れることにしました。

「そうですか……。では、このヤコブスハウンの町《まち》で犬《いぬ》をそろえることにします」

「そうか。で、何頭《なんとう》の犬《いぬ》が必要《ひつよう》なんじゃ？」

「とりあえず十二頭《とう》のドッグチームを作《つく》ります。だから、もうボスが決《き》まっている群《む》れごと買《か》いたいのですが……」

「そうじゃな。初《はじ》めからの群《む》れなら、旅《たび》の途中《とちゅう》で一頭《とう》ずつ逃《に》げてしまうことはないじゃろうからな」

「それと、ソリをひいた経験《けいけん》がある元気《げんき》で若《わか》い犬《いぬ》がほしいのですが……」

植村《うえむら》さんは、兄弟犬《きょうだいけん》をまとめて買《か》いそろえようと考《かんが》えていました。そうすれば、すでにボス犬《いぬ》が決《き》まっているので、犬同士《いぬどうし》の争《あらそ》いごとをさけられるからです。それと、十二頭《とう》のドッグチームには、できるだけ大《おお》きくて体力《たいりょく》があるオスを入《い》れようと考《かんが》えていました。

植村《うえむら》さんは、犬《いぬ》たちにさわりながら、元気《げんき》のよさや力《ちから》の強《つよ》さ、体毛《たいもう》のつや、足《あし》の太《ふと》さ、年齢《ねんれい》などをチェックしていきました。自分《じぶん》の命《いのち》を預《あず》ける犬《いぬ》ですから、じっくりと選《えら》んでいったのです。

結局《けっきょく》、このおじいさんと、もうひとりから六頭《とう》ずつ、予定通《よていどお》り十二頭《とう》の犬《いぬ》を買《か》いそろえました。その中《なか》には一頭《とう》のメス犬《いぬ》もいました。このメスは、オスよりも一回《ひとまわ》り半《はん》ほど小《ち》さい、灰色《はいいろ》の体毛《たいもう》をしていました。

植村《うえむら》さんは、この十二頭《とう》と旅立《たびだ》つことを決《き》めたのです。

「頼《たの》んだぞ、おまえたち」

こうして犬《いぬ》を手《て》に入《い》れた植村《うえむら》さんは、ホテルに戻《もど》りました。そして、イヌイットの大工《だいく》さんにたのんで、ソリ作《づく》りを急《きゅう》ピッチに進《すす》めていきました。

犬《いぬ》ゾリは、極寒《きょくかん》の地《ち》に暮《く》らすイヌイットおよびエスキモーの長《なが》い生活《せいかつ》の知恵《ちえ》から生《う》まれた乗《の》り物《もの》です。今回《こんかい》の「北極圏《ほっきょくけん》一万《まん》二千《せん》キロの旅《たび》」で使《つか》うソリの大《おお》きさは、全長《ぜんちょう》三・二メートル（旅《たび》の途中《とちゅう》、四メートルの大型《おおがた》にした）、幅《はば》〇・九メートルにしました。そこに、テント・寝袋《ねぶくろ》・灯油《とうゆ》・釣具《つりぐ》・食《た》べ物《もの》・日記帳《にっきちょう》など三百《びゃく》キログラムの荷物《にもつ》を積《つ》んで、そのうえに植村《うえむら》さんが乗《の》り込《こ》みます。犬《いぬ》ゾリとして重《おも》すぎましたが、これでも荷物《にもつ》をできるだけ少《すく》なくしたのです。

今回《こんかい》のような長《なが》い旅《たび》では、犬《いぬ》たちの食《た》べ物《もの》だけでも相当《そうとう》な重《おも》さになってしまいます。そうなると、ソリがひけなくなるので、なるべく旅《たび》の途中《とちゅう》で猟《りょう》をして、その肉《にく》を犬《いぬ》に食《た》べさせることにしました。アザラシ・セイウチ・シロクマ・ウサギ・鳥《とり》・

魚《さかな》……。あらゆる生《い》き物《もの》が、人間《にんげん》や犬《いぬ》の食《た》べ物《もの》になります。中《なか》でも、アザラシの肉《にく》は犬《いぬ》たちの大好物《だいこうぶつ》でした。

また、植村《うえむら》さんは、このヤコブスハウンの町《まち》でじっくりと犬《いぬ》の訓練《くんれん》をしたいと思《おも》っていました。しかし、予定《よてい》より一ヵ月以上《げついじょう》も遅《おく》れてグリーンランドにやってきたため、早《はや》く旅《たび》をスタートさせなければならないと、あせっていました。

考《かんが》えた結果《けっか》、今回《こんかい》は旅《たび》の準備《じゅんび》を整《ととの》えて、先《さき》に進《すす》むことを優先《ゆうせん》させることにしました。植村《うえむら》さんは、二年前《ねんまえ》の一九七二（昭和《しょうわ》四十七）年《ねん》の秋《あき》から一年間《ねんかん》、グリーンランドのシオラパルクという世界《せかい》でいちばん北《きた》にある集落《しゅうらく》で、犬《いぬ》ゾリの操縦《そうじゅう》の仕方《しかた》を身《み》につけていたからです。

数日後《すうじつご》、植村《うえむら》さんは、漁船《ぎょせん》でケケッタ村《むら》に到着《とうちゃく》しました。

いよいよ、ここグリーンランドからアメリカ・アラスカ州《しゅう》のベーリング海峡《かいきょう》までに至《いた》る、長《なが》い犬《いぬ》ゾリの旅《たび》がスタートするのです。

そんな植村《うえむら》さんを、地元《じもと》の村人《むらびと》は心配《しんぱい》してくれました。

「ナオミ。昼間《ひるま》だというのに、まだ外《そと》は暗闇《くらやみ》が続《つづ》く。それと充分《じゅうぶん》な雪《ゆき》が降《ふ》り積《つ》もるのは来年《らいねん》の二月《がつ》に入《はい》ってからだぞ。それまで、この村《むら》で待《ま》っていろよ」

植村《うえむら》さんは、村人《むらびと》の気持《きも》ちをうれしく思《おも》いました。

「ありがとう。でも、二月《がつ》までは待《ま》っていられないんだ。とにかく、進《すす》めるところまで進《すす》んでみて、自分《じぶん》の目《め》で雪《ゆき》の状態《じょうたい》を確認《かくにん》してみるよ」

村人《むらびと》が言《い》ってくれたように、周辺《しゅうへん》の視界《しかい》が見渡《みわた》せて、しかも完全《かんぜん》に雪《ゆき》が降《ふ》り積《つ》もるまで出発《しゅっぱつ》を延《の》ばしたほうがいいのはわかっていました。しかし、氷《こおり》のとけ具合《ぐあい》や夏《なつ》の時期《じき》にとどまる町《まち》までの距離《きょり》を考《かんが》えると、出発《しゅっぱつ》を急《いそ》がなければならなかったのです。

また、このときの気温《きおん》はマイナス三十度《ど》。いったん外《そと》に出《で》れば、ホッキョクグマの毛皮《けがわ》で作《つく》られた防寒着《ぼうかんぎ》やズボンを身《み》につけていても凍《こご》えてしまいそうです。

――途中《とちゅう》で凍《こご》え死《し》んでしまう、なんてことにならないようにしなければ――

――一万《まん》二千《せん》キロもの、とてつもなく長《なが》い旅路《たびじ》のゴールまで、無事《ぶじ》にたどりつけるのだろうか――

植村《うえむら》さんは、不安《ふあん》になってきました。

こうして、植村《うえむら》さんの「北極圏《ほっきょくけん》一万《まん》二千《せん》キロの旅《たび》」は、大《おお》きな不安《ふあん》を抱《かか》えてのスタートとなったのです。

通《かよ》い合《あ》わない「犬《いぬ》との心《こころ》」

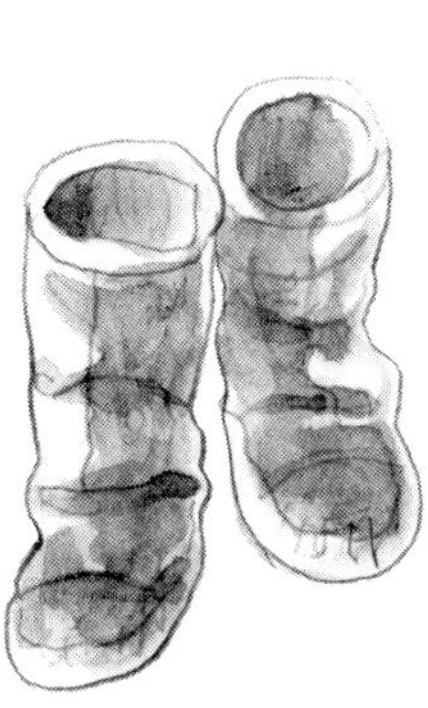

一九七四（昭和《しょうわ》四十九）年《ねん》十二月《がつ》二十九日《にち》――。

植村《うえむら》さんは、グリーンランドのケケッタ村《むら》を、十二頭《とう》の犬《いぬ》とともに出発《しゅっぱつ》する日《ひ》を迎《むか》えていました。

この旅《たび》の計画《けいかく》は、二年間《ねんかん》で「北極圏《ほっきょくけん》一万《まん》二千《せん》キロ」を走《はし》りぬこうというものです。

まず、グリーンランドとカナダ国境《こっきょう》のスミス海峡《かいきょう》をぬけてケンブリッジベイまで行《い》くのが前半《ぜんはん》です。この付近《ふきん》で一夏《ひとなつ》を過《す》ごして、氷《こおり》がしっかり凍《こお》る冬《ふゆ》を待《ま》つのです。

そして、北極海《ほっきょくかい》ぞいに西《にし》へ向《む》かって出発《しゅっぱつ》して、カナダとアメリカの国境《こっきょう》を渡《わた》ります。

その次《つぎ》に、アラスカのポイントバローから南西《なんせい》に向《む》きを変《か》えて、ベーリング海峡《かいきょう》ぞいに南下《なんか》して、最後《さいご》にゴールのコッビューに到着《とうちゃく》するのです。

このようにグリーンランドからカナダ北部《ほくぶ》をぬけてアラスカまでを、たったひとりで犬《いぬ》ゾリに乗《の》って走《はし》りぬいた人《ひと》は、まだ誰《だれ》もいませんでした。

植村《うえむら》さんは、十二頭《とう》の犬《いぬ》の手綱《たづな》を一本《ぽん》ずつソリの先端《せんたん》に結《むす》びつけていきました。そして、すべての犬《いぬ》たちが、手綱《たづな》によってソリに結《むす》びつけられると、ムチをしならせながら号令《ごうれい》をかけました。

「ヤー、ヤー（行《い》け、行《い》け）」

犬《いぬ》たちは、まっすぐ前《まえ》に進《すす》んでくれません。

「アッチョ（右《みぎ》へ）」

「ハク（左《ひだり》へ）」

犬《いぬ》たちは、懸命《けんめい》な植村《うえむら》さんの号令《ごうれい》を聞《き》き入《い》れてくれず、勝手《かって》きままな方向《ほうこう》へと進《すす》んでいってしまいます。

「アイー、アイー（止《と》まれ、止《と》まれ）」

犬《いぬ》たちは、植村《うえむら》さんと出会《であ》ってまだ半月《はんつき》しか経《た》っていなかったので、まったくなついていません。だから、植村《うえむら》さんの号令《ごうれい》を怖《こわ》がって、右《みぎ》へ左《ひだり》へと逃《に》げ回《まわ》ってばかりいました。

これには植村《うえむら》さんも困《こま》ってしまいました。

「こら、おまえたち、前《まえ》に向《む》かって走《はし》らないか！」

植村《うえむら》さんは、そう叫《さけ》び続《つづ》けるしかありませんでした。

また、犬《いぬ》たちに、毎日《まいにち》、食《た》べ物《もの》を与《あた》え続《つづ》けると体重《たいじゅう》が増《ふ》えすぎてソリをひけなくなってしまうので、週《しゅう》に三回《かい》ほどしか与《あた》えないことにしました。それに、食《た》べ物《もの》を走《はし》る前《まえ》に与《あた》えると、ソリをひいている途中《とちゅう》で気持《きも》ちを悪《わる》くして、ぜんぶ吐《は》き出《だ》してしまうので、すべての仕事《しごと》が終《お》わって寝《ね》るときにしました。

このように、エスキモー犬《けん》は主人《しゅじん》に服従《ふくじゅう》させる労働犬《ろうどうけん》です。猟《りょう》で生活《せいかつ》するイヌイットおよびエスキモーの人《ひと》たちにとって、犬《いぬ》ゾリを思《おも》い通《どお》りに走《はし》らせることが、食《た》べ物《もの》を手《て》に入《い》れる唯一《ゆいいつ》の方法《ほうほう》であり、冷《つめ》たい氷《こおり》の世界《せかい》で生《い》きていく手段《しゅだん》でした。だから、犬《いぬ》たちは生《う》まれるとすぐにソリをひく訓練《くんれん》を受《う》け、容赦《ようしゃ》なくムチで仕込《しこ》まれます。

植村《うえむら》さんも犬《いぬ》たちに対《たい》しては、甘《あま》い顔《かお》を見《み》せないで厳《きび》しく接《せっ》し続《つづ》けました。誰《だれ》もいない氷《こおり》の世界《せかい》を走《はし》るのですから、犬《いぬ》たちが逆《さか》らって逃《に》げ出《だ》してしまったら、残《のこ》された主人《しゅじん》は凍《こご》え死《し》んでしまいます。

本来《ほんらい》ならば、出発《しゅっぱつ》する前《まえ》にしっかりと号令《ごうれい》を聞《き》き分《わ》けるまでに訓練《くんれん》を重《かさ》ねたドッグチームでなければ、人間《にんげん》の命《いのち》が危《あぶ》ないのです。しかし、充分《じゅうぶん》な訓練《くんれん》をする時間《じかん》がないまま、植村《うえむら》さんは十二頭《とう》の犬《いぬ》たちとスタートしなければなりませんでした。

こうして犬《いぬ》たちとの気持《きも》ちを通《かよ》わせられないまま、植村《うえむら》さんの「北極圏《ほっきょくけん》一万《まん》二千《せん》キロの旅《たび》」ははじまったのでした。

おまえがリーダーだ！

一九七五（昭和《しょうわ》五十）年《ねん》一月四日《がつよっか》——。
広《ひろ》い大氷原《だいひょうげん》には、犬《いぬ》たちの息《いき》の音《おと》だけが響《ひび》いています。
ハーッ、ハーッ
ハーッ、ハーッ
犬《いぬ》ゾリは、どうにか前方《ぜんぽう》に進《すす》むようになりました。けれども、犬《いぬ》たちは、植村《うえむら》さんにはあいかわらずなついていません。
この日《ひ》、植村《うえむら》さんは、ドッグチームのリーダーを決《き》めようと思《おも》っていました。
リーダー犬《けん》は、ドッグチームの一番先頭《いちばんせんとう》を走《はし》り、ほかの犬《いぬ》たちが勝手《かって》な方向《ほうこう》に走《はし》

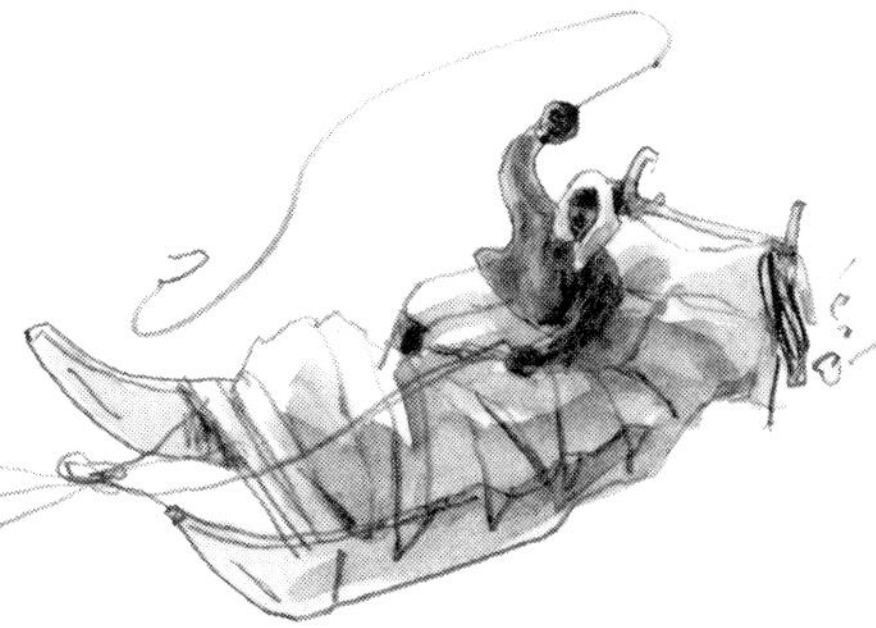

らないようにする役目《やくめ》をもっています。主人《しゅじん》の号令《ごうれい》に素早《すばや》く反応《はんのう》して、右《みぎ》や左《ひだり》に方向《ほうこう》を変《か》えたり、走《はし》るスピードを速《はや》くしたり遅《おそ》くしたりするのです。自動車《じどうしゃ》でいうと、ハンドルやアクセル、ブレーキの役割《やくわり》を果《は》たす、大事《だいじ》なポジションなのです。そんなリーダー犬《けん》と心《こころ》を通《つう》じ合《あ》わせることがドッグチームをまとめる近道《ちかみち》だと、植村《うえむら》さんは考《かんが》えました。

そこで、リーダー犬《けん》にしようとしたボス犬《いぬ》の手綱《たづな》だけをほかの犬《いぬ》よりも一・五メートルのばしました。すると、快調《かいちょう》に先頭《せんとう》を走《はし》り続《つづ》けました。

「よしっ、いいぞ。さすがボス犬《いぬ》だ！　その調子《ちょうし》だ！」

夕方《ゆうがた》になると、前方《ぜんぽう》に町《まち》のあかりが見《み》えてきました。

「アイー、アイー（止《と》まれ、止《と》まれ）」

植村《うえむら》さんは、スタート地点《ちてん》のケケッタから約《やく》四十五キロにあるウマナックの町《まち》のそばでテントをはることにしました。そして、犬《いぬ》たちをソリから少《すこ》しはなれた場所《ばしょ》につなぎました。お腹《なか》がぺこぺこの犬《いぬ》たちをソリのそばにつなげば、食《た》べ物《もの》はもちろん、ムチや手袋《てぶくろ》などの革《かわ》でできた物《もの》が手当《てあ》たりしだいに食《た》べられてしまうからです。

お腹《なか》をぺこぺこにしながら丸《まる》くなっている犬《いぬ》たちに向《む》かって、植村《うえむら》さんはつぶやきました。

「おまえたちは、なんでも食《た》べてしまうからなぁ。でも、どんなに腹《はら》をすかせていても、俺《おれ》を襲《おそ》って食《た》べてしまうことはないんだよなぁ。そういう意味《いみ》では、犬《いぬ》は人間《にんげん》と、一番古《いちばんふる》くから一緒《いっしょ》にいる動物《どうぶつ》なんだよなぁ」

植村《うえむら》さんは、まったく言《い》うことを聞《き》き入《い》れてくれず、憎《にく》たらしくさえ感《かん》じていた犬《いぬ》たちが、少《すこ》しいとしく思《おも》えてきました。

翌朝《よくあさ》、しばらくこの町《まち》にとどまることにした植村《うえむら》さんは、食《た》べ物《もの》を確保《かくほ》するために、周囲《しゅうい》にはりめぐっている氷《こおり》に穴《あな》をあけて、釣《つ》り糸《いと》をたらしました。冷《つめ》たい水《みず》を好《この》み北極海《ほっきょくかい》に生息《せいそく》する、オヒョウという魚《さかな》を釣《つ》りはじめたのです。

数日後《すうじつご》、ウマナックの町《まち》で用事《ようじ》をすませて、テントに戻《もど》ってくると、十数頭《すうとう》の野《の》良犬《らいぬ》がソリのまわりに群《むら》がっていました。

「こら、野良犬《のらいぬ》ども。なにをしているんだ！　あっちへいけ！」

植村《うえむら》さんは野良犬《のらいぬ》を追《お》い払《はら》いました。

野良犬《のらいぬ》たちは、ソリの下《した》に隠《かく》しておいたオヒョウを食《く》い荒《あ》らしていたのです。

ワンワンッ！

ワンワンッ！

……

ワンワンッ！

少《すこ》しはなれた場所《ばしょ》につながれているボス犬《いぬ》たちのすさまじい鳴《な》き声《ごえ》が聞《き》こえてい

ます。

植村《うえむら》さんの胸《むね》の中《なか》に、犬《いぬ》たちに気《き》の毒《どく》なことをしてしまったという思《おも》いが広《ひろ》がりました。

――自分《じぶん》の食《た》べ物《もの》が目《め》の前《まえ》で食《く》われてしまって、おまえたちはくやしかっただろうなぁ。ちきしょう、野良犬《のらいぬ》どもめ。三日《みっか》もかけて釣《つ》ったオヒョウが、なくなっちまった。こんなことなら、全部《ぜんぶ》、おまえたちに食《く》わせてやればよかったよ――

植村《うえむら》さんは、寒《さむ》い中《なか》でオヒョウを釣《つ》っていた苦労《くろう》が無駄《むだ》になってしまい、とてもくやしい気持《きも》ちになりました。

出発《しゅっぱつ》のときに十二頭《とう》だった犬《いぬ》は、ウマナックの町《まち》に着《つ》くまでの間《あいだ》に一頭《とう》が逃《に》げてしまい、ソリをひけなくなってしまった一頭《とう》を逃《に》がしてやり、合計《ごうけい》十頭《とう》になっていました。

そこで植村《うえむら》さんは、新《あたら》しい三頭《とう》の犬《いぬ》を、町《まち》で買《か》いそろえました。

――これで十三頭《とう》。ソリも大《おお》きくパワーアップするだろう――

そう思《おも》っていた植村《うえむら》さんでしたが、予想《よそう》は完全《かんぜん》にはずれてしまいました。新《あたら》しい三頭《とう》をドッグチームに入《い》れると、もといた十頭《とう》の犬《いぬ》たちと大《おお》ゲンカになってしまったのです。

十頭《とう》の中《なか》のボス犬《いぬ》は、ケンカが強《つよ》くて、そのままボスの座《ざ》を守《まも》りました。

このボス犬《いぬ》をリーダーにしたままの旅《たび》が再《ふたた》びスタートしました。けれども、ボス犬《いぬ》は、植村《うえむら》さんの指示《しじ》した通《とお》りに走《はし》ってくれなくなりました。

「ボス、しっかりしろ！」

植村《うえむら》さんが怒鳴《どな》ると、ボス犬《いぬ》はスピードを落《お》として、後《うし》ろにいるほかの犬《いぬ》たちの中《なか》にもぐり込《こ》んでしまうのです。

――しかたない、リーダー交替《こうたい》だ！――

植村《うえむら》さんは、耳《みみ》をぴくぴく動《うご》かす、チームで一番賢《いちばんかしこ》そうなオス犬《いぬ》を新《あたら》しいリーダーに指名《しめい》しました。

けれども、この犬《いぬ》は頭《あたま》がよさそうなのですが、あまりにもケンカが弱《よわ》すぎました。先頭《せんとう》を走《はし》るこの犬《いぬ》に、ほかの犬《いぬ》たちが後《うし》ろからかみつくと、反撃《はんげき》するどころか攻《こう》撃《げき》を受《う》けないように、ほかの犬《いぬ》たちの後《うし》ろに下《さ》がってしまうのです。これではリーダーにはなれません。

――う～～ん。弱《よわ》ったなぁ。リーダー犬《けん》がいなければ、ソリを思《おも》うように進《すす》められないじゃないか――

植村《うえむら》さんは、ソリを止《と》めて考《かんが》え込《こ》みました。

残《のこ》りの十一頭《とう》の犬《いぬ》たちを一頭《とう》ずつ見渡《みわた》しました。

植村《うえむら》さんの視線《しせん》が、一頭《とう》だけいたメス犬《いぬ》にとまりました。

――そうだ！――

植村《うえむら》さんは、そのメス犬《いぬ》をリーダーにしてみようと思《おも》ったのです。このメスはドッグチームの中《なか》では小柄《こがら》で、植村《うえむら》さんの言《い》うことをほとんど聞《き》き入《い》れてくれない犬《いぬ》でした。しかし、おとなしい性格《せいかく》で、チームの中《なか》では、どの犬《いぬ》ともケンカをしなかったのです。

思《おも》えば、植村《うえむら》さんも、けして体《からだ》が大《おお》きいほうではありません。それに、小学校《しょうがっこう》でも中学校《ちゅうがっこう》でも目立《めだ》たぬ恥《は》ずかしがりやの少年《しょうねん》でした。そして、大学生《だいがくせい》のときに「ほんの思《おも》いつき」で入《はい》った山岳部《さんがくぶ》の登山訓練《とざんくんれん》では、いつも真《ま》っ先《さき》にへばってしまったり、よく転《ころ》んだりして、みんなから「ドングリ」と呼《よ》ばれていました。しかし、そんな「落《お》ちこぼれ部員《ぶいん》」は、体《からだ》が小《ち》さくても、体力《たいりょく》が強《つよ》くなくても、人間《にんげん》は努力《どりょく》すれば希望《きぼう》する道《みち》を進《すす》んでいくことができるはずだ……、と体《からだ》を鍛《きた》え続《つづ》けました。そして、一年《ねん》に百日以上《ひゃくにちいじょう》もの山登《やまのぼ》りを続《つづ》けるうちにサブリーダーに選《えら》ばれるようになりました。その後《ご》、「超人植村《ちょうじんうえむら》」「天才冒険家《てんさいぼうけんか》」「スーパーアルピニスト」「世界《せかい》のウエムラ」と呼《よ》ばれるようになったのです。

そんな植村《うえむら》さんが、このメス犬《いぬ》を先頭《せんとう》にして走《はし》らせたところ、どの犬《いぬ》も後《うし》ろを追《お》いかけるかのように、一生懸命《いっしょうけんめい》に走《はし》りはじめました。

——これで、うまくいきそうだ——

「アンナ。おまえが、このドッグチームのリーダーだ！」

普通《ふつう》、家畜《かちく》であるエスキモー犬《けん》に名前《なまえ》は必要《ひつよう》ありません。けれども、植村《うえむら》さんは、この新《あたら》しいリーダー犬《けん》に「アンナ」という名前《なまえ》をつけました。「アンナ」とは、イヌイットの女性《じょせい》の名前《なまえ》で、植村《うえむら》さんが気《き》に入《い》っていた呼《よ》び名《な》です。

一番《いちばん》「強《つよ》い犬《いぬ》」でも、一番《いちばん》「賢《かしこ》い犬《いぬ》」でもない、一番《いちばん》「おとなしい犬《いぬ》」がリーダーとなったのです。つまり、ボス犬《いぬ》とリーダー犬《けん》は、また違《ちが》うものだったのです。

しだいに植村《うえむら》さんの命令《めいれい》を聞《き》き分《わ》けてくれるようになったアンナは、リーダーシップぶりを発揮《はっき》して、ドッグチームを快調《かいちょう》に走《はし》らせていきました。

帰《かえ》ってきたアンナ

出発《しゅっぱつ》してまだ一ヵ月《げつ》も経《た》っていない一九七五（昭和《しょうわ》五十）年《ねん》一月《がつ》二十二日《にち》のことでした。

お昼《ひる》だというのにあたりは真《ま》っ暗闇《くらやみ》でしたが、ドッグチームは、リーダーになったアンナを先頭《せんとう》にして走《はし》っていました。

——アンナ。おまえがリーダーになってから、ソリの進《すす》み具合《ぐあい》が快調《かいちょう》だ——

植村《うえむら》さんは、いい気分《きぶん》でした。

けれども、しばらく進《すす》むと、ドッグチームの目《め》の前《まえ》に氷《こおり》の薄《うす》い海《うみ》が現《あらわ》れました。

——割《わ》れてしまうかもしれない薄《うす》い氷《こおり》の上《うえ》を走《はし》るのは危険《きけん》だ——

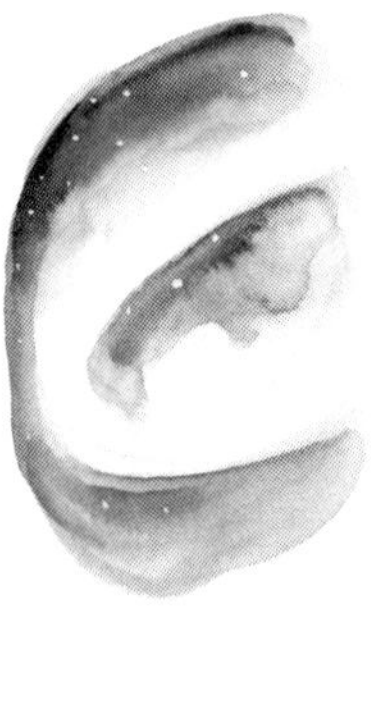

植村《うえむら》さんはソリから降《お》りて、厚《あつ》い氷《こおり》の上《うえ》を慎重《しんちょう》に進《すす》んでいこうと考《かんが》えました。けれども、このときの犬《いぬ》たちは植村《うえむら》さんの気持《きも》ちをよそに、命令通《めいれいどお》りには動《うご》いてくれません。氷《こおり》の厚《あつ》さなどおかまいなしに、ただ前《まえ》へ、前《まえ》へと突《つ》き進《すす》んでいきます。

——犬《いぬ》は薄《うす》い氷《こおり》を本能的《ほんのうてき》に怖《こわ》がってよけるものなんだがなぁ——

植村《うえむら》さんはソリに乗《の》り込《こ》んで、外側《そとがわ》を走《はし》る犬《いぬ》たちに、いつもより大《おお》きな声《こえ》をあげました。氷《こおり》が薄《うす》そうな方向《ほうこう》へ進《すす》ませないようにしたのです。

「アッチョ、アッチョ（右《みぎ》へ、右《みぎ》へ）」

すると、ドッグチームの隊列《たいれつ》の外側《そとがわ》を走《はし》っていた犬《いぬ》が、叱《しか》られるのを怖《こわ》がって内《うち》側《がわ》に入《はい》ってきてしまいました。そして、内側《うちがわ》にいた犬《いぬ》たちも、右《みぎ》に左《ひだり》にと勝手《かって》に進《すす》み出《だ》して、列《れつ》の順番《じゅんばん》はめちゃくちゃになりました。こうなると、少《すこ》しずつ犬《いぬ》の手綱《たづな》同士《どうし》がもつれてきて、しまいにはよじれて一本《ぽん》になってしまいました。

「なにやっているんだ、おまえたち！　これじゃあ、いつまでたっても前《まえ》に進《すす》めやしないじゃないか！」

――しかたないや――

「アイー、アイー（止《と》まれ！　止《と》まれ！）」

植村《うえむら》さんはソリを止《と》めました。そして、ソリと犬《いぬ》たちをつないでいた手綱《たづな》をはずして、からまりをほどきはじめました。

そのときでした。

犬《いぬ》たちも気《き》が立《た》っていたのか、いっせいに入《い》り乱《みだ》れてケンカをはじめてしまいました。

ウーッ、ワンワンワンワンッ
ワン、ワンワンワンワンッー
犬《いぬ》たちは、二組《くみ》に分《わ》かれて吠《ほ》え合《あ》ったかと思《おも》うと、今度《こんど》はかみつき合《あ》いをはじめてしまいました。

「オーレッチ、オーレッチ（動《うご》くな！　動《うご》くな！）」

植村《うえむら》さんは、大声《おおごえ》で犬《いぬ》たちを叱《しか》り飛《と》ばしました。

その怒鳴《どな》り声《ごえ》を耳《みみ》にした犬《いぬ》たちは、怖《こわ》くなったのか、入《い》り乱《みだ》れた状態《じょうたい》のまま植村《うえむら》さんからはなれようと、いっせいに手綱《たづな》をひっぱりました。

――おぅ、なんという力《ちから》だ――

大型犬《おおがたけん》であるエスキモー犬《けん》十三頭《とう》がひっぱる力《ちから》はとても強《つよ》く、ひとりの人間《にんげん》の腕力《わんりょく》ではひき戻《もど》すことはできません。

こらえきれなくなった植村《うえむら》さんは、一瞬《いっしゅん》、握《にぎ》っていた手綱《たづな》を放《はな》してしまいました。

そのすきに、犬《いぬ》たちは広《ひろ》い氷《こおり》の世界《せかい》に走《はし》り出《だ》してしまいした。

「アイー、アイー（止《と》まれ！　止《と》まれ！）」

植村《うえむら》さんは必死《ひっし》に犬《いぬ》たちの後《あと》を追《お》いかけました。けれども、自由《じゆう》になった十三頭《とう》の犬《いぬ》たちとの距離《きょり》は、ぐんぐんと開《ひら》いていきます。

「アイー、アイー（止《と》まれ！　止《と》まれ！）」

植村《うえむら》さんの必死《ひっし》の声《こえ》が、寒々《さむざむ》とした空気《くうき》にむなしく響《ひび》きます。

犬《いぬ》たちは、ふり向《む》きもせず、アッという間《ま》に植村《うえむら》さんの目《め》の前《まえ》からいなくなってしまいました。

――あぁ、犬《いぬ》たちは俺《おれ》を置《お》いていってしまった――

一瞬《いっしゅん》のデキゴトに、植村《うえむら》さんは立《た》っていられなく、へなへなと氷《こおり》の上《うえ》に座《すわ》り込《こ》んでしまいました。冬《ふゆ》の間《あいだ》、一日中太陽《いちにちじゅうたいよう》が顔《かお》を出《だ》さない暗《くら》く寒《さむ》いだけの氷《こおり》の海《うみ》の上《うえ》で、たったひとりで置《お》き去《ざ》りにされてしまったのです。

――俺《おれ》は、マイナス四十度《ど》の氷《こおり》の世界《せかい》に、取《と》り残《のこ》されてしまったんだ。どうしたらいいんだ。ここで俺《おれ》は死《し》んでしまうんだ――

この場所《ばしょ》から、次《つぎ》に目指《めざ》していた集落《しゅうらく》であるウパナビックまでは六十キロ以上《いじょう》もあります。この雪《ゆき》と氷《こおり》の暗闇《くらやみ》の中《なか》、ひとりで歩《ある》き通《とお》すには、とてもたいへんな距離《きょり》です。

座《すわ》り込《こ》んでいた植村《うえむら》さんの心《こころ》に、いろいろなことが浮《う》かんで消《き》えていきました。

――こんな氷《こおり》の上《うえ》で死《し》んでしまう俺《おれ》は、なんて親不孝者《おやふこうもの》なんだ。それに、自分《じぶん》のやりたいことばかりして、妻《つま》に心配《しんぱい》ばかりかけて……。きっと、犬《いぬ》たちが俺《おれ》のもとからいなくなってしまったのは、えらそうにして走《はし》らせていた罰《ばち》があたったんだ――

そして、日本《にほん》にいる奥《おく》さん、友《とも》だち、先輩《せんぱい》など一人《ひとり》ひとりの顔《かお》を思《おも》い出《だ》していました。すると、不思議《ふしぎ》なことに、あわてふためいていた心《こころ》が落《お》ち着《つ》いてきました。

――そうだ、俺《おれ》には日本《にほん》で待《ま》ってくれている人《ひと》がいるんだ。まだここで死《し》ぬわけにはいかない。なんとしても生《い》きて帰《かえ》らなくては……――

犬《いぬ》たちがいなくなってから十分後《ぷんご》、植村《うえむら》さんは気《き》を取《と》り直《なお》して、生《い》きのびる方法《ほうほう》を考《かんが》えはじめました。

――そうだ！　持《も》てるだけの荷物《にもつ》を背負《せお》って、ウパナビックまで歩《ある》いていこう――

植村《うえむら》さんは、凍《こお》ったアザラシの肉《にく》や、テント・寝袋《ねぶくろ》・石油《せきゆ》コンロ・地図《ちず》・磁石《じしゃく》などの荷物《にもつ》が積《つ》まれているソリがある場所《ばしょ》まで戻《もど》りました。

——しかたがない。犬《いぬ》たちがいなければソリは動《うご》かない。ソリはここに置《お》いていこう——

このときの植村《うえむら》さんの目標《もくひょう》は、「北極圏《ほっきょくけん》一万《まん》二千《せん》キロの旅《たび》」から、生《い》きてウパナビックの集落《しゅうらく》にたどり着《つ》くことに切《き》り替《か》わっていました。

植村《うえむら》さんは不安《ふあん》な気持《きも》ちのまま、自分《じぶん》が持《も》てるだけの荷物《にもつ》をソリから下《お》ろしはじめました。

すると、なにもいないはずの氷《こおり》の世界《せかい》で、こちらに向《む》かって走《はし》ってくる影《かげ》が見《み》えました。

——おや、なんだろう？——

植村《うえむら》さんは、警戒《けいかい》しながら、その影《かげ》をじっと見《み》つめていました。すると、犬《いぬ》だということがわかってきました。

——野良犬《のらいぬ》が食《た》べ物《もの》をめがけて、走《はし》ってくる。これは、たいへんだ——

その犬《いぬ》の影《かげ》は、ぐんぐんと近《ちか》づいてきます。

——おや⁉——

植村《うえむら》さんには見覚《みおぼ》えのある犬《いぬ》でした。

——あれ⁉　アンナだ！　アンナじゃないか——

アンナを先頭《せんとう》に、後《うし》ろに五頭《とう》の犬《いぬ》もいます。

——そうか、戻《もど》ってきてくれたのか。アンナが五頭《とう》の犬《いぬ》をひき連《つ》れて帰《かえ》ってきてくれたんだ！——

アンナと五頭《とう》の犬《いぬ》たちは、なにごともなかったかのように、植村《うえむら》さんとソリのまわりを取《と》り囲《かこ》みました。

——これで俺《おれ》は生《い》きのびられる——

植村《うえむら》さんは、足《あし》もとのアンナを抱《だ》きしめ、頬《ほお》ずりをしました。

「アンナ、よく戻《もど》ってきてくれたな。ありがとう。ほんとうに、ありがとう」

植村《うえむら》さんは、鉈《なた》でアザラシの肉《にく》を割《わ》って、六頭《とう》の犬《いぬ》に与《あた》えました。しかし、逃《に》げたままの七頭《とう》の犬《いぬ》たちは、その後《ご》一時間《じかん》待《ま》っても戻《もど》ってきませんでした。

――しかたないや――

植村《うえむら》さんは、六頭《とう》の犬《いぬ》にソリをひかせて、ウパナビックの集落《しゅうらく》を目指《めざ》すことにしました。

このときは、植村《うえむら》さんもソリから降《お》りて、逃《に》げたまま戻《もど》ってこなかった犬《いぬ》たちの分《ぶん》も、後《うし》ろから押《お》して歩《ある》きました。すると、すぐにあふれ出《だ》してきた汗《あせ》がアゴひげにたまって白《しろ》く凍《こお》りついてしまいました。

「ハアッ、ハアッ、ハアッ」

ソリを百《ひゃく》メートルも押《お》し続《つづ》けると、植村《うえむら》さんの息《いき》づかいは荒《あら》くなってきました。

そこで、少《すこ》し休憩《きゅうけい》をとると、今度《こんど》は全身《ぜんしん》の汗《あせ》が凍《こお》りついてしまいました。

休憩《きゅうけい》を終《お》えて、また植村《うえむら》さんがソリを押《お》しはじめると、すぐに呼吸《こきゅう》が乱《みだ》れてきてしまいました。

「ハアッ、ハアッ、ハアッ」

――自分《じぶん》でソリを押《お》してみると、おまえたちがどんなにつらい思《おも》いをしながら荷物《にもつ》をひいてくれていたのかが、わかってきたよ――

「ごめんよ、おまえたち」

植村《うえむら》さんは、先《さき》を行《い》く六頭《とう》の背中《せなか》につぶやきました。そして、疲《つか》れ果《は》てた植村《うえむら》さんは、ソリの上《うえ》にそっと乗《の》りました。

それでもアンナたちは、ゆっくりとソリをひいてくれました。もちろん、どんなにスピードが遅《おそ》くても、このときは犬《いぬ》たちを叱《しか》ることはできません。

十三時間《じかん》ほどソリが走《はし》り続《つづ》けると、遠《とお》くにウパナビックの集落《しゅうらく》が見《み》えてきました。

――助《たす》かったんだ――

植村《うえむら》さんは、無事《ぶじ》に村《むら》へたどり着《つ》くことができたのです。

その夜《よる》、植村《うえむら》さんは、テントの中《なか》で眠《ねむ》りにつきました。

翌朝《よくあさ》、テントの外《そと》から聞《き》こえてくる、村《むら》の子《こ》どもたちの声《こえ》で目覚《めざ》めました。植村《うえむら》さんは、昨日《きのう》のデキゴトを考《かんが》えていました。

――もしも、アンナが五頭《とう》の犬《いぬ》たちを連《つ》れて帰《かえ》ってきてくれなかったら、いまごろ俺《おれ》はどうしていただろうか。俺《おれ》はアンナたちに命《いのち》を救《すく》われたんだなぁ――

アンナのおかげで命《いのち》びろいをした植村《うえむら》さんは、はれて「北極圏《ほっきょくけん》一万《まん》二千《せん》キロの旅《たび》」を続《つづ》けることができるようになったのです。

海《かい》水《すい》からの脱出《だっしゅつ》

スタートから一ヵ月半《げつはん》が過《す》ぎた二月《がつ》十五日《にち》――。

新《あたら》しい犬《いぬ》をメンバーにして、なんとか走《はし》り進《すす》んでいたドッグチームに、再《ふたた》びたいへんなデキゴトが襲《おそ》ってきました。

その日《ひ》の朝《あさ》も、植村《うえむら》さんは、一日《いちにち》のはじまりに犬《いぬ》たちに声《こえ》をかけていました。

「さぁ、おまえたち、今日《きょう》もがんばるぞ！」

しかし、疲《つか》れがたまっているのか、犬《いぬ》たちは掛《か》け声《ごえ》にこたえてくれません。

「さぁ、出発《しゅっぱつ》だ！」

植村《うえむら》さんが一頭《とう》ずつおき上《あ》がらせると、犬《いぬ》たちはやっとのことでソリをひきはじ

めました。それは、走《はし》るというより、のろのろと前《まえ》に進《すす》むだけでした。

その途中《とちゅう》、かちんかちんの氷《こおり》のかたまりに何度《なんど》もソリが乗《の》り上《あ》げてしまいました。

すると、そのたびに犬《いぬ》たちは立《た》ち止《ど》まり、休《やす》もうとしました。

(こんなにごつごつした氷《こおり》の上《うえ》は、もう走《はし》れないよ)

とでもいうように座《すわ》り込《こ》んで、犬《いぬ》たちは植村《うえむら》さんを弱々《よわよわ》しく見《み》つめていました。

それでも植村《うえむら》さんは、犬《いぬ》たちをはげましながら、少《すこ》しずつ前《まえ》に進《すす》んでいきました。

そんなことがしばらく続《つづ》くと、沖合《おきあい》のほうにすべすべの「新《あたら》しい氷《こおり》」が見《み》えてきました。

――あの「新《あたら》しい氷《こおり》」の上《うえ》ならばソリもすべりやすそうだ。犬《いぬ》たちは、きっと走《はし》ってくれるはずだ――

植村《うえむら》さんは「古《ふる》い氷《こおり》」と「新《あたら》しい氷《こおり》」の境《さかい》までソリを進《すす》めました。

しかし「新《あたら》しい氷《こおり》」は、凍《こお》りはじめて間《ま》もないのか、その厚《あつ》さは五センチもありません。植村《うえむら》さんが靴《くつ》の先《さき》で叩《たた》いてみると、簡単《かんたん》に穴《あな》があいて、氷《こおり》の下《した》からは海水《かいすい》があふれ出《で》てくるほどでした。

この冷《つめ》たい海《うみ》の中《なか》に落《お》ちてしまえば、人間《にんげん》ならひとたまりもなく、凍《こお》って死《し》んでしまうはずです。

植村《うえむら》さんは迷《まよ》っていました。

――雪《ゆき》のかたまりや氷《こおり》のでこぼこはあるものの、「古《ふる》い氷《こおり》」の上《うえ》を走《はし》れば安全《あんぜん》だ。でも、犬《いぬ》たちは疲《つか》れきっている。その反対《はんたい》に、つるつるの「新《あたら》しい氷《こおり》」の上《うえ》は走《はし》りやすく犬《いぬ》たちに負担《ふたん》がかからない。でも、氷《こおり》が割《わ》れてしまう危険《きけん》がある。どちらの氷《こおり》の上《うえ》を進《すす》めばいいんだ――

しばらく悩《なや》んだ末《すえ》に、植村《うえむら》さんは「古《ふる》い氷《こおり》」の上《うえ》を進《すす》むことにしました。

けれども、いくら植村《うえむら》さんが大声《おおごえ》をあげても、犬《いぬ》たちは「古《ふる》い氷《こおり》」の上《うえ》を進《すす》もうとしません。

（なんで、走《はし》りやすいほうに行《い》かせてくれないんだ。すべりにくいほうに進《すす》ませるなんて、いじわるなやつだなぁ）

そんな怒《おこ》ったような目《め》で、犬《いぬ》たちは植村《うえむら》さんを見《み》ていました。

このような犬《いぬ》たちの進《すす》み具合《ぐあい》では、いつになったら次《つぎ》の目的地《もくてきち》であるサビシックの村《むら》に到着《とうちゃく》するかわかりません。

――えぇ〜〜い！　それならば――

植村《うえむら》さんは「新《あたら》しい氷《こおり》」のほうに進《すす》むことに決《き》めました。アンナに「新《あたら》しい氷《こおり》」のほうに進《すす》むように命令《めいれい》すると、アンナもほかの犬《いぬ》たちも「新《あたら》しい氷《こおり》」に足《あし》を踏《ふ》み入《い》れました。でこぼこのないつるつるの「新《あたら》しい氷《こおり》」は、やはり走《はし》りやすいのか、犬《いぬ》たちはぐんぐんと進《すす》んでいきます。

「おい。おまえたち、調子《ちょうし》に乗《の》っていると危険《きけん》だぞ。もう少《すこ》し、右側《みぎがわ》の古《ふる》い氷《こおり》のそばを通《とお》れ！　アッチョ、アッチョ（右《みぎ》へ、右《みぎ》へ）」

せめて「古《ふる》い氷《こおり》」のそばを通《とお》らせようとする植村《うえむら》さんの号令《ごうれい》を、犬《いぬ》たちは聞《き》き入《い》れてくれません。

――なにやっているんだ。この氷《こおり》の上《うえ》は走《はし》りやすいけれど、危険《きけん》なんだぞ――

植村《うえむら》さんが、そう言《い》ったと同時《どうじ》でした。

ズブッ、ズブッ、ズブズブ～～ンッ

キャ～～ン、キャ～～ン

氷《こおり》の割《わ》れる音《おと》に犬《いぬ》の鳴《な》き声《ごえ》が重《かさ》なって聞《き》こえてきました。

――あっ、ソリが海《うみ》に落《お》ちる！――

そう思《おも》った植村《うえむら》さんは、先頭《せんとう》を走《はし》っているアンナに向《む》かって、叫《さけ》びました。

「アンナ！　アッチョ、アッチョ（右《みぎ》へ、右《みぎ》へ）」

しかし、その号令《ごうれい》もすでに遅《おそ》かったのです。植村《うえむら》さんが犬《いぬ》の悲鳴《ひめい》が聞《き》こえるほうをふり向《む》くと、一番左側《いちばんひだりがわ》を走《はし》っていた犬《いぬ》が、氷《こおり》と氷《こおり》の間《あいだ》に落《お》ちていくところでした。

その割《わ》れ目《め》は、アッという間《ま》に広《ひろ》がって、ほかに三頭《とう》の犬《いぬ》が海水《かいすい》に落《お》ちていきました。

――しまった！　たいへんなことになったぞ！――

とっさにソリから飛《と》び降《お》りた植村《うえむら》さんの足《あし》もとの氷《こおり》にも、割《わ》れ目《め》が入《はい》りました。

ミシッ、ミシッ、ミシッ

――ここに落《お》ちたら、まちがいなく死《し》んでしまう。あぁ、今度《こんど》こそ、俺《おれ》はここで死《し》んでしまうんだ――

植村《うえむら》さんは、四つんばいになって重心《じゅうしん》を低《ひく》くしながら、古《ふる》くて固《かた》い氷《こおり》の上《うえ》に逃《のが》れました。

キャ～～ン、キャ～～ン

キャ～～ン、キャ～～ン

四頭《とう》の犬《いぬ》が、冷《つめ》たい海水《かいすい》の中《なか》で、もがいています。

一方《いっぽう》、ソリも、氷《こおり》が割《わ》れた海水《かいすい》に、先端《せんたん》からぶくぶくと沈《しず》んでいきました。

――犬《いぬ》もソリも荷物《にもつ》も、みんな氷《こおり》の下《した》の海《うみ》の中《なか》に沈《しず》んでいってしまうぞ――

目《め》の前《まえ》のデキゴトを見《み》つめているしかなかった植村《うえむら》さんの手《て》には、一本《ぽん》のムチが握《にぎ》られているだけでした。

海水《かいすい》に落《お》ちてしまった四頭《とう》の犬《いぬ》は、それでも沈《しず》みかけたソリに前足《まえあし》をかけて、必死《ひっし》に氷《こおり》の上《うえ》にはい上《あ》がろうとしています。

次《つぎ》の瞬間《しゅんかん》、ソリの荷物《にもつ》がわずかに、海《うみ》の中《なか》から浮《う》かび上《あ》がってきました。

すると、「新《あたら》しい氷《こおり》」の上《うえ》にいたアンナの大《おお》きな鳴《な》き声《ごえ》が聞《き》こえてきました。

ワンッ、ワンッ、ワワワワワンッ！

植村《うえむら》さんは、我《われ》に返《かえ》りました。

――まだ生《い》き延《の》びることをあきらめていないんだ！　こうしてはいられない――

植村《うえむら》さんはポケットの中《なか》からナイフを取《と》り出《だ》すと、四つんばいになりながらも、十二、三メートルははなれていた、海水《かいすい》のソリへと少《すこ》しずつ近《ちか》づいていきました。

そして、荷物《にもつ》をしばってあるロープを切《き》り、テントや寝袋《ねぶくろ》、石油《せきゆ》タンクをはずして、「古《ふる》い氷《こおり》」の上《うえ》にほうり投《な》げました。すると、軽《かる》くなってきたソリは、少《すこ》しずつ水《みず》の中《なか》から浮《う》き上《あ》がってきました。

こうしている間《あいだ》にも、植村《うえむら》さんがのっている「新《あたら》しい氷《こおり》」は、割《わ》れてしまいそうです。それでも、なんとか犬《いぬ》たちを「古《ふる》い氷《こおり》」にたどりつかせなければなりません。そうすれば、犬《いぬ》たちの力《ちから》を借《か》りて、ソリを海水《かいすい》からひき上《あ》げられるはずです。

――とにかくアンナたちを助《たす》けなければ――

植村《うえむら》さんは、アンナがいるほうに近《ちか》づいて、手綱《たづな》と一緒《いっしょ》にひっぱりました。アンナたちが、何度《なんど》も足《あし》を踏《ふ》みすべらせているうちに、その重《おも》みと衝撃《しょうげき》で氷《こおり》がへこみ、割《わ》れ目《め》が入《はい》ってきました。

植村《うえむら》さんは、アンナたちに向《む》け、力《ちから》いっぱいの声《こえ》をかけました。

「いいか。この割《わ》れ目《め》が広《ひろ》がらないうちに、向《む》こうの氷《こおり》に飛《と》び移《うつ》るんだ！」

まず、先頭《せんとう》のアンナが必死《ひっし》に「古《ふる》い氷《こおり》」の上《うえ》に飛《と》び移《うつ》ると、ほかの犬《いぬ》も次々《つぎつぎ》に乗《の》り移《うつ》りました。そして、海水《かいすい》に落《お》ちていた四頭《とう》の犬《いぬ》も「古《ふる》い氷《こおり》」の上《うえ》にはい上《あ》がってきました。

息《いき》つく間《ま》もなく、今度《こんど》はソリをひき上《あ》げることにしました。

「それ、がんばれ！」

植村《うえむら》さんと犬《いぬ》たちは、あらん限《かぎ》りの力《ちから》を合《あ》わせて、海水《かいすい》からソリをひっぱり上《あ》げようとしました。すると、ソリの姿《すがた》が少《すこ》しずつ海中《かいちゅう》から出《で》てきて、ついに「古《ふる》い氷《こおり》」の上《うえ》までひき上《あ》げることに成功《せいこう》したのです。

――助《たす》かった！　もう死《し》ぬことはない――

すると、植村《うえむら》さんの手《て》や足《あし》の先《さき》が、ピリピリと急《きゅう》に痛《いた》み出《だ》しました。海水《かいすい》でぬれた部分《ぶぶん》が寒《さむ》さで凍《こお》ってしまったのです。けれども、おぼれかけた犬《いぬ》たちは、あれほど冷《つめ》たい思《おも》いをしていたのに、平気《へいき》な顔《かお》をしていました。

――やっぱりエスキモー犬《けん》は丈夫《じょうぶ》だなぁ――

植村《うえむら》さんが凍《こお》りついた犬《いぬ》たちの体毛《たいもう》を手《て》でなでると、氷《こおり》がぱさぱさと落《お》ちていきました。

その後《ご》のドッグチームは、「古《ふる》い氷《こおり》」の上《うえ》を走《はし》り続《つづ》けました。

この日《ひ》の目的地《もくてきち》サット島《とう》にたどり着《つ》くと、植村《うえむら》さんはテントの中《なか》で石油《せきゆ》コンロを炊《た》いて、凍《こお》った荷物《にもつ》を乾《かわ》かしました。


植村《うえむら》さんは、グリーンランド西海岸《にしかいがん》の氷《こおり》の上《うえ》を進《すす》んでいきました。そして一九七二（昭和四十七《しょうわ》）年《ねん》の秋《あき》から一年間《ねんかん》、犬《いぬ》ゾリの操作法《そうさほう》を身《み》につけるために暮《く》らしていた、懐《なつ》かしいシオラパルク村《むら》に到着《とうちゃく》することができたのです。

シオラパルク村《むら》は、グリーンランドの一番北《いちばんきた》にあり、家《いえ》の数《かず》は十数軒《すうけん》しかない、とても小《ちい》さな村《むら》です。この村《むら》では、エスキモー犬《けん》の扱《あつか》い方《かた》、ソリの操《あやつ》り方《かた》を教《おし》えてくれた、「お父《とう》さん」「お母《かあ》さん」と植村《うえむら》さんが親《おや》のように思《おも》っているイヌートソア夫妻《ふさい》をはじめ、村人《むらびと》たちが温《あたた》かく迎《むか》えてくれました。

しかし、旅《たび》の四分《よんぶん》の一《いち》も終《お》えていない植村《うえむら》さんには、ゆっくりしている余裕《よゆう》はありません。数日間《すうじつかん》だけシオラパルクで過《す》ごし、また北《きた》へ向《む》けて出発《しゅっぱつ》することになりました。

「ナオミ。気《き》をつけて旅《たび》を続《つづ》けるんだよ。この犬《いぬ》を連《つ》れていきな」

親切《しんせつ》に世話《せわ》してくれたイヌートソア夫妻《ふさい》は、二頭《とう》の兄弟犬《きょうだいけん》を譲《ゆず》ってくれました。

植村《うえむら》さんは、犬《いぬ》たちに「イヌートソアⅠ号《いちごう》」と「イヌートソアⅡ号《にごう》」という名前《なまえ》をつけました。

イヌートソアⅡ号《にごう》は、リーダー犬《けん》になにかあったときは代《か》わりに先頭《せんとう》に立《た》つサブリーダー犬《けん》に選《えら》ばれて、植村《うえむら》さんの冒険《ぼうけん》を支《ささ》える大《おお》きな存在《そんざい》になるのです。

アンナ、お母《かあ》さんになる

植村《うえむら》さんとドッグチームが「北極圏《ほっきょくけん》一万《まん》二千《せん》キロの旅《たび》」をスタートさせて、三カ月《げつ》が過《す》ぎようとしていました。

この頃《ころ》、アンナはすっかりリーダー犬《けん》らしくなっていました。

また、これまで言《い》うとおりに走《はし》ってくれない犬《いぬ》たちに腹《はら》をたてて、叱《しか》ってばかりいた植村《うえむら》さんでしたが、一緒《いっしょ》に旅《たび》を続《つづ》けているうちに、いつしか彼《かれ》らのお父《とう》さんのような気持《きも》ちになっていました。

植村《うえむら》さんと犬《いぬ》たちは、スミス海峡《かいきょう》を渡《わた》り、カナダ領《りょう》に入《はい》りました。そして、いろいろな村《むら》を通《とお》りすぎていくうち、季節《きせつ》は夏《なつ》も間近《まぢか》の五月中旬《がつちゅうじゅん》になっていました。気温《きおん》が上《あ》がってくると、地上《ちじょう》の氷《こおり》がとけはじめます。すると、足《あし》もとの氷《こおり》には刃《やいば》のように固《かた》い部分《ぶぶん》が残《のこ》り、犬《いぬ》たちが足《あし》の裏《うら》を切《き》ってしまいました。ドッグチームが通《とお》った真《ま》っ白《しろ》い氷雪《ひょうせつ》の上《うえ》には、無数《むすう》の赤《あか》い血《ち》の跡《あと》が、てんてんとつくようになってしまいました。

――犬《いぬ》たちは大丈夫《だいじょうぶ》だろうか――

心配《しんぱい》した植村《うえむら》さんは、ソリを止《と》めて犬《いぬ》たちの足《あし》の裏《うら》を確認《かくにん》しました。すると、切《き》り傷《きず》が何《なん》ヵ所《しょ》にもできて、傷口《きずぐち》から血《ち》がにじみ出《で》ていました。

――これは痛《いた》かっただろう。このキラキラ光《ひか》る刃《やいば》のようなものは、雪《ゆき》でも氷《こおり》でもない。まるで天然《てんねん》の鋭《するど》いガラスじゃないか――

その日《ひ》の移動《いどう》を終《お》えた植村《うえむら》さんは、テントの中《なか》に入《はい》って、予備《よび》のズボンをナイフで切《き》りはじめました。布《ぬの》の切《き》れ端《はし》で、犬《いぬ》たちのために靴下《くつした》のような足《あし》カバーを作《つく》ったのです。そして、テントの外《そと》に出《で》て、一頭《とう》ずつに語《かた》りかけながら、カバーをはかせていきました。

「痛《いた》かっただろう。犬《いぬ》が靴下《くつした》をはいて走《はし》るのは変《へん》だけれど、これなら氷《こおり》で足《あし》を傷《きず》つけることもないからなぁ……」

この足《あし》カバーの効果《こうか》があったのか、次《つぎ》の日《ひ》から犬《いぬ》たちは長《なが》い距離《きょり》を走《はし》るようになり、六月《がつ》十三日《にち》にはケンブリッジベイという町《まち》に到着《とうちゃく》することができました。この町《まち》は、「北極圏《ほっきょくけん》一万《まん》二千《せん》キロの旅《たび》」の約半分《やくはんぶん》の地点《ちてん》です。植村《うえむら》さんと犬《いぬ》たちは、いろいろなトラブルを乗《の》り越《こ》えながら、約《やく》六千《せん》キロを走《はし》りぬけたのです。

植村《うえむら》さんたちは、このケンブリッジベイで、一夏《ひとなつ》を過《す》ごして、氷《こおり》が再《ふたた》びはりめぐるまでの半年間《はんとしかん》、休養《きゅうよう》と狩《か》りに専念《せんねん》することにしました。

一年《ねん》のほとんどが氷結《ひょうけつ》しているツンドラ地帯《ちたい》にも、夏《なつ》の間《あいだ》だけは花《はな》が咲《さ》きそろいます。緑《みどり》の大地《だいち》にはカリブーやじゃこう牛《うし》が短《みじか》い夏《なつ》を楽《たの》しみ、青《あお》く晴《は》れ渡《わた》った空《そら》には渡《わた》り鳥《どり》がさえずり、波《なみ》が打《う》ち寄《よ》せる海《うみ》にはアザラシが泳《およ》ぎ回《まわ》ります。

そんな北極圏《ほっきょくけん》のつかの間《ま》の夏《なつ》に、植村《うえむら》さんはたくさんの狩《か》りをして食《た》べ物《もの》を蓄《たくわ》えていきました。

そして、七月中旬《がつちゅうじゅん》――。

この日《ひ》、植村《うえむら》さんの心《こころ》をなごませてくれるデキゴトがありました。

植村《うえむら》さんが狩《か》りから帰《かえ》ってくると、お腹《なか》をすかした犬《いぬ》たちは食《た》べ物《もの》を求《もと》めて、いっせいに吠《ほ》えてきました。けれども、アンナだけが岩陰《いわかげ》に隠《かく》れて静《しず》かに体《からだ》を丸《まる》めていたのです。

「どうしたんだ、アンナ。元気《げんき》がないじゃないか」

植村《うえむら》さんが近《ちか》づいていくと、アンナの両足《りょうあし》とお腹《なか》の間《あいだ》で、何《なに》かが動《うご》いていました。

――おや!? なんだろう――

植村《うえむら》さんがアンナのお腹《なか》にじっと目《め》をやると、六頭《とう》の子犬《こいぬ》がうごめいているのがわかりました。アンナが子犬《こいぬ》を産《う》んだのです。

「一、二、三……六。アンナ、お母《かあ》さんになったんだなぁ。夏《なつ》の間《あいだ》に子犬《こいぬ》を産《う》んでくれてよかったよ。寒《さむ》い旅《たび》の途中《とちゅう》では、子犬《こいぬ》を育《そだ》てることは難《むずか》しかっただろうしなぁ」

ドッグチームの先頭《せんとう》になって旅《たび》を半分《はんぶん》の地点《ちてん》まで進《すす》めてくれたアンナが産《う》んだ子《こ》犬《いぬ》は、植村《うえむら》さんにとってとてもいとしい存在《そんざい》となりました。

六頭《とう》の子犬《こいぬ》のうち、残念《ざんねん》ながら一頭《とう》は生《う》まれて間《ま》もなく死《し》んでしまいました。しかし、残《のこ》りの五頭《とう》は、おだやかな気候《きこう》の時期《じき》に生《う》まれたことが幸《さいわ》いして、すくすくと育《そだ》っていきました。

五頭《とう》の子犬《こいぬ》たちのうち二頭《とう》が黒《くろ》、三頭《とう》が灰色《はいいろ》の体毛《たいもう》をしています。どの子犬《こいぬ》も元気《げんき》がよく、いつもアンナにまとわりついて遊《あそ》んでいました。

九月中旬《がつちゅうじゅん》になると、ツンドラ地帯《ちたい》の草《くさ》や花《はな》は黄色《きいろ》く枯《か》れはじめました。短《みじか》い夏《なつ》が、

アッという間《ま》に過《す》ぎ去《さ》ろうとしているのです。

子犬《こいぬ》たちは乳《ちち》ばなれをして、植村《うえむら》さんの周囲《しゅうい》をかけまわるようになりました。

植村《うえむら》さんは、子犬《こいぬ》を含《ふく》めると十八頭《とう》にもなった犬《いぬ》たちに食《た》べ物《もの》を与《あた》えるため、毎《まい》日《にち》のように魚《さかな》を獲《と》ったり、ライフルを担《かつ》いで、猟《りょう》に出《で》かけました。


十二月《がつ》がやってきました。

あたりは雪《ゆき》と氷《こおり》の世界《せかい》に逆戻《ぎゃくもど》りしました。

――氷《こおり》が、だいぶ厚《あつ》くなってきたぞ。そろそろ旅立《たびだ》てるぞ――

植村《うえむら》さんは「北極圏《ほっきょくけん》一万《まん》二千《せん》キロの旅《たび》」のゴールに向《む》かって出発《しゅっぱつ》する時《とき》が、いよいよ近《ちか》づいてきたことを感《かん》じていました。それは、この旅《たび》で疲《つか》れた心《こころ》をなごませてくれた子犬《こいぬ》たちとお別《わか》れをすることでもありました。

植村《うえむら》さんは、子犬《こいぬ》を一頭《とう》も手放《てばな》したくなかったのですが、食《た》べ物《もの》に余裕《よゆう》はありません。五頭《とう》の子犬《こいぬ》との別《わか》れを決意《けつい》しました。まず、三頭《とう》をお世話《せわ》になった老夫婦《ろうふうふ》に譲《ゆず》り、一頭《とう》を成犬《せいけん》と取《と》り替《か》えてもらいました。

残《のこ》ったのは、一番元気《いちばんげんき》な黒《くろ》いメス犬《いぬ》です。

植村《うえむら》さんは、子犬《こいぬ》のもらい手《て》を探《さが》そうとしました。しかし、この子犬《こいぬ》がいなくなることを想像《そうぞう》すると、さびしくなってしまいました。それに、四頭《とう》の子犬《こいぬ》がいなくなって、アンナに元気《げんき》がありません。

植村《うえむら》さんは、アンナと無邪気《むじゃき》に遊《あそ》んでいる黒《くろ》い子犬《こいぬ》に近《ちか》づいていきました。

——おまえを、連《つ》れて旅立《たびだ》とうかなぁ——

植村《うえむら》さんは、この子犬《こいぬ》だけは手《て》もとに残《のこ》しておこうかと迷《まよ》っていました。

子犬《こいぬ》はソリをひけるまでには成長《せいちょう》していないのに、食《た》べる量《りょう》は成犬《せいけん》なみでした。子犬《こいぬ》を連《つ》れていくことにすると、その分《ぶん》の食《た》べ物《もの》を手《て》に入《い》れるのも大変《たいへん》です。それでも、スタートから厳《きび》しい旅《たび》が続《つづ》いた中《なか》で、このケンブリッジベイで過《す》ごした一夏《ひとなつ》は、アンナが産《う》んだ子犬《こいぬ》たちのおかげで楽《たの》しい季節《きせつ》となったのです。

植村《うえむら》さんは、黒《くろ》い子犬《こいぬ》に「コンノット」という名前《なまえ》をつけました。そして、抱《だ》きかかえるようにして話《はな》しかけました。

「コンノット。一緒《いっしょ》にゴールのアラスカまで行《い》ってみるかい？」

コンノットは、うなずくかわりに植村《うえむら》さんの顔《かお》をペロペロとなめまわしました。

「よしよし、コンノット。一緒《いっしょ》にアラスカまで行《い》くって約束《やくそく》だぞ」

植村《うえむら》さんは、コンノットがいれば、旅《たび》の後半《こうはん》を走《はし》りぬけられそうでした。

植村《うえむら》さんは、そばにいたアンナに向《む》かってつぶやきました。

「アンナ。コンノットを旅《たび》に連《つ》れていくことにしたよ。さぁ、いよいよ、残《のこ》り半分《はんぶん》の六千《せん》キロだ。たのんだぞ！」

休養《きゅうよう》と栄養《えいよう》を充分《じゅうぶん》にとった植村《うえむら》さんと犬《いぬ》たちは、ゴールに向《む》けて元気《げんき》よく旅立《たびだ》っていきました。

かなわなかった約束《やくそく》

植村《うえむら》さんと犬《いぬ》たちが、「北極圏《ほっきょくけん》一万《まん》二千《せん》キロの旅《たび》」の後半《こうはん》のスタートを切《き》って、十日《とおか》あまりが過《す》ぎました。

コンノットは産《う》まれて半年《はんとし》が過《す》ぎましたが、まだ手綱《たづな》をつけてソリをひけるほど大《おお》きくなっていません。いつも、ソリのスピードに合《あ》わせて、後《うし》ろからついてくるだけです。

コンノットは、走《はし》っているとき以外《いがい》は、いつも植村《うえむら》さんのそばをつきまとっていました。

植村《うえむら》さんは、どんなに食《た》べ物《もの》が少《すく》なくなっても、育《そだ》ち盛《ざか》りのコンノットには、お

腹《なか》いっぱいに与《あた》えました。ほかの犬《いぬ》たちが見《み》たら、やきもちを焼《や》くくらい、たいせつに育《そだ》てていたのです。

年《とし》が明けた一九七六（昭和《しょうわ》五十一）年《ねん》一月五日《がつ いつか》――。

植村《うえむら》さんは、コッパーマインという集落《しゅうらく》で七頭《とう》の犬《いぬ》を買《か》いました。カナダで生《う》まれ育《そだ》った犬《いぬ》は、立派《りっぱ》な体《からだ》をしていました。けれども、ソリをひいた経験《けいけん》が少《すく》なく、犬《いぬ》ゾリチームに入《い》れられることを嫌《いや》がります。

グリーンランドの犬《いぬ》ゾリは狩《か》りなどの「生活《せいかつ》の足《あし》」であるのに対《たい》して、カナダやアラスカではスノーモービルが普及《ふきゅう》していたので、犬《いぬ》ゾリはレースとしての「スポーツ」と考《かんが》えられていたのです。だから、生《う》まれながらにして、使役犬《しえきけん》として扱《あつか》われて、重労働《じゅうろうどう》にたえてきたグリーンランドの犬《いぬ》とはちがい、新入《しんい》りの犬《いぬ》たちは思《おも》うようにソリをひいてくれませんでした。

おまけに、買《か》ったばかりの七頭《とう》の中《なか》の「イグルー」と名《な》づけた大《おお》きな黒《くろ》いオス犬《いぬ》は、前《まえ》からいる犬《いぬ》たちとケンカをしたり、逃《に》げ出《だ》そうとしたり、いつもモメゴトをおこしていました。

そんなことがあった一ヵ月半後《げつはんご》、植村《うえむら》さんは、試《ため》しにコンノットに胴《どう》バンドをつけて、ドッグチームに仲間入《なかまい》りさせてみました。

これまでソリの後《うし》ろにつながれていたコンノットでしたが、最近《さいきん》はソリが走《はし》り出《だ》すと、すぐ前《まえ》に出《で》てきて、舌《した》を大《おお》きく出《だ》しながら、一生懸命《いっしょうけんめい》にひっぱろうとしていたのです。

(ほら、ワタシもみんなのようにひっぱれるよ!)

そんな具合《ぐあい》に、植村《うえむら》さんにアピールしているようでもありました。

まだ小《ちい》さすぎると思《おも》っていたコンノットでしたが、胴《どう》にバンドをつけると、大喜《おおよろこ》びで母犬《ははいぬ》アンナがリーダーを務《つと》める犬《いぬ》たちの列《れつ》の中《なか》に入《はい》り、同《おな》じように懸命《けんめい》にひっぱりはじめました。

――ソリをひくのを嫌《いや》がって、さぼる犬《いぬ》もいるのに――

植村《うえむら》さんは、ナニゴトにも一生懸命《いっしょうけんめい》なコンノットが、ますますいとしく思《おも》えてきました。

しかし、二時間《じかん》もしないうちに、コンノットは疲《つか》れ果《は》ててしまったのか、ソリをひくことをやめてしまいました。

――やれやれ。コンノット、まぁ、初《はじ》めてにしては、よくがんばったよ――

植村《うえむら》さんは、コンノットの胴《どう》バンドをはずして、再《ふたた》びソリの後《うし》ろにつなぎました。

「コンノット。そんなに無理《むり》をしなくてもいいんだからな」

コンノットは、よろよろとしか動《うご》けなくなっていました。

次《つぎ》の日《ひ》もコンノットは、ソリの後《うし》ろを走《はし》っていました。もうこりてしまったのか、ソリの前《まえ》に出《で》てひっぱろうという元気《げんき》はありません。

その夜《よる》のことです。

テントをはって、体《からだ》を休《やす》めていた植村《うえむら》さんの耳《みみ》に、コンノットの鳴《な》き声《ごえ》が聞《き》こえてきました。

キャン～～　キャン～～

それは、吠《ほ》えているわけでもなく、遠吠《とおぼ》えをしているわけでもありません。なにやら、弱々《よわよわ》しいうめき声《ごえ》のようでした。

――そういえばコンノットは、昨日《きのう》の夜《よる》も、こんな鳴《な》き声《ごえ》をあげていたなぁ――

少《すこ》し気《き》になってきた植村《うえむら》さんは、テントの中《なか》から声《こえ》をかけました。

「なにが悲《かな》しいんだ、コンノット。ほかの犬《いぬ》みたいにソリをひくことができないのがくやしいのか？」

（……）

「もっと体《からだ》が大《おお》きくなったら思《おも》う存分《ぞんぶん》、ひけるようになるからな」

翌朝《よくあさ》、テントの中《なか》で眠《ねむ》りについていた植村《うえむら》さんは、足《あし》もとでなにかがうごめく気配《けはい》で目《め》を覚《さ》ましました。

――なんだろう――

眠《ねむ》い目《め》をこすりながら、植村《うえむら》さんはテントの外《そと》に出《で》て行《い》きました。

「ううっ、今日《きょう》も寒《さむ》いや」

この日《ひ》もマイナス四十度《ど》もあろうかという朝《あさ》で、頰《ほほ》を切《き》り裂《さ》くような風《かぜ》が吹《ふ》きつけてきます。

テントの上《うえ》には、コンノットが横《よこ》たわっていました。

「なんだ、コンノットか。ダメじゃないか、テントの上《うえ》に乗《の》っかっちゃ。足《あし》が重《おも》たいじゃないか」

いつもなら、植村《うえむら》さんがテントの外《そと》に出《で》ると、真《ま》っ先《さき》にしっぽを振《ふ》って近寄《ちかよ》ってくるのに、今朝《けさ》のコンノットは、厳《きび》しい寒《さむ》さの中《なか》、体《からだ》を丸《まる》めないで四本《ほん》の足《あし》を伸《の》ばしたまま眠《ねむ》っているようでした。

「さすがにリーダー犬《けん》アンナの子《こ》どもだけあって、寒《さむ》さに強《つよ》いんだなぁ。でもコンノット。そんなかっこうして寝《ね》ていたら、いくらエスキモー犬《けん》でも、風邪《かぜ》をひいてしまうぞ」

植村《うえむら》さんが声《こえ》をかけてもコンノットは、動《うご》こうとしません。

植村《うえむら》さんはコンノットのそばに歩《あゆ》み寄《よ》り、のぞき込《こ》んでみました。

コンノットは、目《め》をぱちくりさせているだけで、植村《うえむら》さんのほうに顔《かお》を向《む》けようともしません。

――具合《ぐあい》でも悪《わる》いのかなぁ――

植村《うえむら》さんは、ゆっくりとコンノットの体《からだ》をおこしました。

すると次《つぎ》の瞬間《しゅんかん》、コンノットは糸《いと》の切《き》れた操《あやつ》り人形《にんぎょう》のように、その場《ば》にバタリと倒《たお》れてしまいました。

「コンノット、どうしたんだ！」

――しまった！　コンノットは、そうとう体《からだ》が弱《よわ》っていたんだ。もっと早《はや》く病気《びょうき》に気《き》がついてやれたら――

もちろん、こんな氷原《ひょうげん》のど真《ま》ん中《なか》に動物病院《どうぶつびょういん》はありません。植村《うえむら》さんは急《いそ》いでテントの中《なか》から毛皮《けがわ》を持《も》ってきて、ぴくりとも動《うご》かなくなったコンノットを包《つつ》み込《こ》みました。

――昨日《きのう》まで、ほかの犬《いぬ》と変《か》わらず元気《げんき》に食《た》べ物《もの》を口《くち》にしていたのに……。きっと、まだ体力《たいりょく》のないコンノットにソリをひかせてしまったのが悪《わる》かったんだ――

植村《うえむら》さんの頭《あたま》の中《なか》で、そんなことがぐるぐると回《まわ》りはじめていました。

「コンノット。大丈夫《だいじょうぶ》か？　今日《きょう》は移動《いどう》しないで、このままここで、おまえの看病《かんびょう》をしていたいのだが、あと三日分《みっかぶん》しか食《た》べ物《もの》が残《のこ》っていないんだ。次《つぎ》の目的地《もくてきち》、ツクトヤクツクまでは、まだ百《ひゃっ》キロ以上《いじょう》ある。どうしても、今日《きょう》、旅立《たびだ》たなければな

●メッセージ、ご意見などお書き下さい●

ご住所	〒		
お名前	フリガナ	女・男 歳	お子様 有・無
ご職業	・小学生・中学生・高校生・専門学生・大学生・フリーランス・パート ・会社員・公務員・自営業・専業主婦・無職・その他（ ）		
電　話	（ - - ）	当社からのお知らせ	1．郵送ＯＫ 2．FAX ＯＫ 3．e-mail ＯＫ 4．必要ない
ＦＡＸ	（ - - ）		
e-mail アドレス	@ パソコン・携帯		

注文書	お支払いは現品に同封の郵便振替用紙で。(送料実費)	冊数

郵便はがき

料金受取人払

豊島局承認

189

差出有効期間
平成18年9月
30日まで

171-8790

425

東京都豊島区池袋3-9-23

ハート出版 御中

①ご意見・メッセージ 係
②書籍注文 係（裏面お使い下さい）

ご愛読ありがとうございました

ご購入図書名	
ご購入書店名	区 市 町 書店

●本書を何で知りましたか？

① 新聞･雑誌の広告（媒体名　　　　　　　　　　　）　② 書店で見て
③ 人にすすめられ　④ 当社の目録　⑤ 当社のホームページ
⑥ 楽天市場　⑦ その他（　　　　　　　　　　　　）

●当社から次にどんな本を期待していますか？

らないんだ」

植村《うえむら》さんは、コンノットを毛皮《けがわ》にくるんだまま、ソリに乗《の》せて出発《しゅっぱつ》しました。

――コンノット。なんとか元気《げんき》になってくれよ――

氷《こおり》の世界《せかい》を突《つ》き進《すす》みながらも、植村《うえむら》さんはコンノットのことで頭《あたま》がいっぱいでした。移動《いどう》の途中《とちゅう》、何度《なんど》もコンノットの様子《ようす》をのぞいていました。

毛皮《けがわ》の中《なか》のコンノットは、初《はじ》めのうちは静《しず》かに眠《ねむ》っているようでした。しかし、出発《しゅっぱつ》して一時間《じかん》が過《す》ぎた頃《ころ》から、少《すこ》しずつ呼吸《こきゅう》が荒《あら》くなってきて、とても苦《くる》しそうです。

「アイー、アイー（止《と》まれ、止《と》まれ）」

ソリを止《と》めた植村《うえむら》さんは、毛皮《けがわ》にくるまっているコンノットを抱《だ》きしめました。

荒《あら》かったコンノットの呼吸《こきゅう》が、今度《こんど》はだんだんと弱々《よわよわ》しいものに変《か》わってきました。

「コンノット！　コンノット！　コンノット！　しっかりしろ！　死《し》んじゃダメだ。いいか、コンノット。一緒《いっしょ》にアラスカに行《い》くんだろ……」

植村《うえむら》さんはコンノットをぎゅっと抱《だ》きしめました。

ソリから一番遠《いちばんとお》くにいた母犬《ははいぬ》のアンナが、近《ちか》づいてきました。

ほかの犬《いぬ》たちも心配《しんぱい》そうに見《み》つめています。

見渡《みわた》すかぎり氷《こおり》の世界《せかい》が続《つづ》く北極圏《ほっきょくけん》。その後半《こうはん》の旅《たび》も、ルートに迷《まよ》ったり、地《じ》吹雪《ふぶき》で進《すす》めなかったりして元気《げんき》や勇気《ゆうき》を失《うしな》いかけることもありました。けれども、コンノットが気持《きも》ちをおだやかにしてくれました。そのコンノットが、いま氷原《ひょうげん》の中《なか》で、短《みじか》い命《いのち》を終《お》えようとしているのです。

「コンノット、コンノット、コンノット。アラスカまで行《い》くって約束《やくそく》したじゃないか」

（……）

植村《うえむら》さんは、ソリにつんでいた凍《こお》った肉《にく》をナイフで小《ちい》さく切《き》って、手《て》と息《いき》で温《あたた》めて、コンノットに差《さ》し出《だ》しました。

「おまえの大好物《だいこうぶつ》のアザラシの肉《にく》だぞ」

けれども、あんなに食《く》いしん坊《ぼう》だったコンノットが、食《た》べ物《もの》にも反応《はんのう》しません。

「食《た》べてくれよ。おまえにソリをひかせた俺《おれ》が悪《わる》かったんだ……」

植村《うえむら》さんのほっぺたに、ひとりでに涙《なみだ》が伝《つた》わってきました。

植村《うえむら》さんは、ソリの上《うえ》のコンノットに冷《つめ》たい風《かぜ》があたらないように毛皮《けがわ》を深々《ふかぶか》とかぶせ直《なお》しました。

コンノットの目《め》がうつろになっていきます。

コンノットは、植村《うえむら》さんと母犬《ははいぬ》アンナ、仲間《なかま》の犬《いぬ》たちに見守《みまも》られながら、静《しず》かに息《いき》を引《ひ》き取《と》りました。

「コンノット、コンノット、コンノット」

植村《うえむら》さんは、何度《なんど》もコンノットの体《からだ》をゆすりました。

「おい。コンノット、うそだろ～～。おきてくれよ～～」

植村《うえむら》さんの願《ねが》いもむなしいだけでした。コンノットは深《ふか》く目《め》を閉《と》じたままでした。

過酷《かこく》な自然《しぜん》の中《なか》で植村《うえむら》さんの心《こころ》をなごませてくれた、いとしい一頭《とう》の犬《いぬ》が死《し》んでしまったのです。

ク～ン、ク～～ン、ク～～～ン
母犬《ははいぬ》のアンナはコンノットの亡骸《なきがら》をペロペロとなめながら、悲《かな》しそうに鳴《な》いています。

――こんなことになるのなら、昨日《きのう》の夜《よる》、コンノットをテントに入《い》れてやればよかった。いやいや、ほかの子犬《こいぬ》たちと一緒《いっしょ》にケンブリッジベイの町《まち》に置《お》いてきてやればよかったんだ。こんな過酷《かこく》な旅《たび》に連《つ》れてこなければ、いまごろ兄弟《きょうだい》たちと幸《しあわ》せに暮《く》らしていただろうに……。ごめんよ、コンノット――

そんなことを思《おも》うと、植村《うえむら》さんのほっぺたに再《ふたた》び涙《なみだ》が伝《つた》わりはじめました。しかし、涙《なみだ》はすぐに凍《こお》りついてしまいました。

目《め》もとをこすりながら、植村《うえむら》さんは氷《こおり》の下《した》に小《ちい》さな穴《あな》を掘《ほ》りました。そして、抱《だ》きしめていたコンノットの亡骸《なきがら》を、そっと穴《あな》の中《なか》に置《お》きました。

穴《あな》を雪《ゆき》で埋《う》めていると、植村《うえむら》さんの頭《あたま》の中《なか》をコンノットとの思《おも》い出《で》が駆《か》けめぐりました。

「コンノット。おまえのおかげで、この旅《たび》もつらいことばかりではなかったよ。ありがとう。そして、さよなら、コンノット……」

植村《うえむら》さんは、雪《ゆき》をかき集《あつ》めて、コンノットが眠《ねむ》る氷《こおり》の上《うえ》に五十センチの高《たか》さのお墓《はか》を作《つく》りました。

植村《うえむら》さんは、コンノットのお墓《はか》の前《まえ》で静《しず》かに手《て》を合《あ》わせました。

――コンノット。俺《おれ》たちは、おまえと約束《やくそく》したアラスカまで、必《かなら》ずたどり着《つ》くからな。天国《てんごく》からしっかり見守《みまも》っていてくれよ――

そう心《こころ》の中《なか》で誓《ちか》っている植村《うえむら》さんの横《よこ》では、アンナが悲《かな》しそうな目《め》で、お墓《はか》を見《み》つめていました。

もう一度《いちど》、走《はし》ってくれ！

植村《うえむら》さんたちドッグチームは、コンノットが死《し》んでしまっても、旅《たび》を急《いそ》がねばなりません。残《のこ》っている食《た》べ物《もの》の都合《つごう》もあるのです。

「ヤー、ヤー（行《い》け、行《い》け）」

植村《うえむら》さんは、犬《いぬ》たちに号令《ごうれい》をかけました。

けれどもリーダー犬《けん》アンナは、先頭《せんとう》に立《た》とうとはしません。コンノットの亡骸《なきがら》が埋《う》まるお墓《はか》の前《まえ》からはなれようとしないのです。

「アンナ。ヤー、ヤー（行《い》け、行《い》け）」

植村《うえむら》さんが、そう叫《さけ》ぶと、アンナは、ゆっくりと定位置《ていいち》まで歩《ある》いていきました。

植村《うえむら》さんは、犬《いぬ》ゾリを走《はし》らせようとしました。しかし、アンナは後《うし》ろをふり向《む》き、お墓《はか》を見《み》つめたまま、一歩《いっぽ》も動《うご》きません。

植村《うえむら》さんは、ソリからおりて、アンナのもとに行《い》き、目《め》を見《み》つめて言《い》いました。

「アンナ。悲《かな》しいのは、おまえだけじゃないんだよ」

(……)

「でも、俺《おれ》たちは旅《たび》を急《いそ》がなければならないんだよ」

(……)

「アンナ、おまえはリーダー犬《けん》だろ。つらいだろうけど、がんばって走《はし》ってくれよ」

(……)

＊　＊

植村《うえむら》さんは、この旅《たび》で、何頭《なんとう》ものエスキモー犬《けん》と出会《であ》ってきました。なまけグセのある犬《いぬ》や体力《たいりょく》のない犬《いぬ》は、途中《とちゅう》の集落《しゅうらく》でほかの犬《いぬ》と交換《こうかん》してきました。

植村《うえむら》さんは、エスキモー犬《けん》を、イヌイットやエスキモーの人《ひと》たちのように、生活《せいかつ》になくてはならない道具《どうぐ》の一《ひと》つとして扱《あつか》ってきました。「単独犬《たんどくいぬ》ゾリ北極圏《ほっきょくけん》一万《まん》二千《せん》キロの旅《たび》」を成功《せいこう》させるためには、エスキモー犬《けん》に心《こころ》を奪《うば》われないようにしようと決《き》めていたのです。そのため、旅《たび》をスタートさせた頃《ころ》の植村《うえむら》さんは、「こら、走《はし》らないか！」と大声《おおごえ》で命令《めいれい》を出《だ》していました。

けれども、いつの間《ま》にか「がんばって走《はし》ってくれ！」と励《はげ》ましながらソリを走《はし》らせるようになっていました。アンナとコンノットの親子《おやこ》に限《かぎ》らず、ほかの犬《いぬ》たちへも「家畜《かちく》」というより、自分《じぶん》が獲物《えもの》を確保《かくほ》してきて養《やしな》っている「家族《かぞく》」という思《おも》いに変《か》わってきたからです。

もちろん、アンナたちも、旅《たび》が進《すす》むにつれて、植村《うえむら》さんになついてきました。これは家畜《かちく》として扱《あつか》うイヌイットやエスキモーの人《ひと》たちとは違《ちが》う〝心《こころ》〟を、植村《うえむら》さんから感《かん》じ取《と》ったからかもしれません。

そんなときに、アンナはコンノットを産《う》みました。

イヌイットやエスキモーの人《ひと》たち同様《どうよう》に、犬《いぬ》をペットのようにかわいがってはいけないと決《き》めていた植村《うえむら》さん。しかし、兵庫県《ひょうごけん》の農家《のうか》に生《う》まれた植村《うえむら》さんは、小《ちい》さいときから牛《うし》を友《とも》だちのようにして育《そだ》ってきました。よくクラスメートに、「牛《うし》は、自分《じぶん》の気持《きも》ちをほんとうにわかってくれる人間《にんげん》が、イタズラをしたりすると、怒《おこ》ったり、悲《かな》しそうな顔《かお》をして涙《なみだ》を流《なが》すんだぞ」と言《い》っていました。そんな動物好《どうぶつず》きの植村《うえむら》さんです。やはり、心《こころ》のおもむくままに、コンノットをかわいがっていました。

それだけ、コンノットが植村《うえむら》さんの気持《きも》ちをなごませて、元気《げんき》づけてくれたのです。

＊　＊

植村《うえむら》さんの声《こえ》を聞《き》いても、アンナはコンノットの亡骸《なきがら》が埋《う》まっているお墓《はか》を見《み》つめたまま、氷《こおり》の上《うえ》に座《すわ》り込《こ》んでしまいました。

――アンナ――

植村《うえむら》さんは、アンナの目《め》もとが凍《こお》っているのがわかりました。

「アンナ、おまえも、泣《な》いているんだなぁ」

（……）

「アンナ、すまなかった。俺《おれ》がコンノットにソリをひかせなければ……」

植村《うえむら》さんはうつむきながらアンナの体《からだ》をさすりました。

「アンナ、俺《おれ》が悪《わる》かったんだ。コンノットの具合《ぐあい》にもっと早《はや》く気《き》がついてやれば……」

（……）

「アンナ、おまえが悲《かな》しくてとても走《はし》る気持《きも》ちになれないのは痛《いた》いほどわかる。でも、俺《おれ》たちは、ここで立《た》ち止《ど》まっているわけにはいかないんだ。さぁ、コンノットと約束《やくそく》したアラスカへ行《い》こう！」

（……）

「アンナ、俺《おれ》もくやしいやら、悲《かな》しいやら、心《こころ》がはりさけそうなんだよ」

(……)

「でも、俺《おれ》たちができるのは、コンノットと約束《やくそく》したアラスカに向《む》かうことだけなんだ」

(……)

「コンノットの亡骸《なきがら》は、ここに置《お》いていくけれど、コンノットとの約束《やくそく》は、俺《おれ》の心《こころ》の中《なか》にしまって出発《しゅっぱつ》するよ」

植村《うえむら》さんの顔《かお》は涙《なみだ》でぐしょぐしょでした。

植村《うえむら》さんも泣《な》いていたのがわかったのか、アンナが植村《うえむら》さんの顔《かお》をペロペロなめはじめました。

(涙《なみだ》をふきなよ)

植村《うえむら》さんには、そうアンナが言《い》っているように感《かん》じられました。

すると、アンナはなにかを決心《けっしん》したように立《た》ち上《あ》がり、ソリの先頭《せんとう》に歩《ある》いて行《い》きました。そして、出発《しゅっぱつ》の体制《たいせい》を整《ととの》えはじめました。

「アンナ。ソリをひいてくれるんだな。ありがとう」

ワォ〜〜ンッ、ワォ〜〜ンッ
灰色《はいいろ》の空《そら》に向《む》かって、アンナが吠《ほ》えました。その遠吠《とおぼ》えは、出発《しゅっぱつ》の合図《あいず》のようでもあり、コンノットへのお別《わか》れの言葉《ことば》であったのかもしれません。

アンナの鳴《な》き声《ごえ》が風《かぜ》の音《おと》しか聞《き》こえない大氷原《だいひょうげん》に吸《す》い込《こ》まれていくと、植村《うえむら》さんはソリに乗《の》り込《こ》みました。

と同時《どうじ》に、アンナはぐいぐいとソリをひっぱりはじめました。それに合《あ》わせて、ほかの犬《いぬ》たちも走《はし》りはじめました。

ソリは、少《すこ》しずつスピードをあげて、氷《こおり》の上《うえ》をすべり出《だ》していったのです。

コンノットの眠《ねむ》るお墓《はか》が、植村《うえむら》さんたちを見送《みおく》っているようでした。

シロクマに襲《おそ》われる!?

一九七六（昭和《しょうわ》五十一）年《ねん》三月《がつ》二十一日《にち》――。

植村《うえむら》さんと犬《いぬ》たちは、カナダとアメリカ・アラスカ州《しゅう》の境《さかい》にいました。ここは国《くに》と国《くに》との境界線《きょうかいせん》ですが、氷《こおり》の大地《だいち》に、手前《てまえ》には『カナダ』と、向《む》こう側《がわ》には『アメリカ合衆国《がっしゅうこく》』と書《か》いてある塔《とう》が建《た》てられているだけで、検問所《けんもんじょ》もありませんでした。

――よし、いよいよゴールがあるアラスカだ！――

植村《うえむら》さんと犬《いぬ》たちは、アラスカの大地《だいち》を走《はし》ることになりました。地図《ちず》の上《うえ》ではアラスカがアメリカに位置《いち》するといっても、道路《どうろ》があるわけでもなく、あいかわらずの雪《ゆき》と氷《こおり》の世界《せかい》が広《ひろ》がっているだけです。

けれども、この頃《ころ》には、植村《うえむら》さんと犬《いぬ》たち、とくに物静《ものしず》かなアンナとは一心同体《いっしんどうたい》になっていました。主人《しゅじん》には服従《ふくじゅう》というキメゴトはありましたが、「北極圏《ほっきょくけん》一万《まん》二千《せん》キロの旅《たび》」は、犬《いぬ》たちがいてこその冒険《ぼうけん》であるという思《おも》いが、植村《うえむら》さんの胸《むね》の中《なか》で大《おお》きくなっていたのです。

四月《がつ》十九日《にち》――。

ドッグチームは、最終目的地《さいしゅうもくてきち》のコッビューへ向《む》けて出発《しゅっぱつ》しました。この周辺《しゅうへん》は、氷《こおり》のかたまりが打《う》ち上《あ》げられている海岸《かいがん》ぞいで、雪《ゆき》が強《つよ》い風《かぜ》にのって真横《まよこ》から降《ふ》りつけてきます。そんな自然《しぜん》の厳《きび》しい場所《ばしょ》をノンストップで四時間《じかん》あまり走《はし》り続《つづ》けると、テントをはることにしました。

犬《いぬ》たちに食《た》べ物《もの》を与《あた》えて、自分《じぶん》も食事《しょくじ》をすませた植村《うえむら》さんは、テントの中《なか》でお茶《ちゃ》を飲《の》んでいました。すると、外《そと》から、けたたましい犬《いぬ》たちの声《こえ》が聞《き》こえてきました。

ワンッ、ワンッ

ワンッ、ワンッ

……

ワンッ、ワンッ

——どうしたんだろう？——

植村《うえむら》さんは、テントの入《い》り口《ぐち》から顔《かお》を出《だ》しました。そして、犬《いぬ》たちが吠《ほ》えている方向《ほうこう》に目《め》をやりました。

——あっ、クマだ！　シロクマじゃないか‼——

シロクマは、正式名称《せいしきめいしょう》をホッキョクグマといい、地上《ちじょう》ではもっとも大《おお》きな肉食《にくしょく》動物《どうぶつ》です。そんな巨大《きょだい》なホッキョクグマが、七十メートル先《さき》から、のっそのっそとテントのほうへと歩《ある》いてくるのです。

——これは、たいへんなことになった——

植村《うえむら》さんは、あわててテントから飛《と》び出《だ》して、ソリの荷台《にだい》から、ライフル銃《じゅう》を取《と》り出《だ》しました。そして驚《おどろ》かすために、ホッキョクグマのほうに向《む》けて、一発《ぱつ》、撃《う》ちました。

パンッ

ホッキョクグマは驚《おどろ》いたように、立《た》ち止《ど》まりました。けれども、ナニゴトもなかったかのように、またこちらに向《む》かって歩《ある》きはじめました。

その距離《きょり》が、六十メートル、五十メートルと、近《ちか》づいてきます。

ワンッ、ワンッ

ワンッ、ワンッ

……

ワンッ、ワンッ

犬《いぬ》たちは、いっそうけたたましく吠《ほ》え立《た》てています。

植村《うえむら》さんは、驚《おどろ》かすためにライフルを撃《う》ち続《つづ》けました。

パンッ・パンッ・パンッ

――いかん、弾《たま》がなくなった――

植村《うえむら》さんはライフルに弾《たま》をこめようとしました。けれども、テントの中《なか》に手袋《てぶくろ》を忘《わす》れてきてしまい、寒《さむ》さで手《て》がかじかみ、うまく弾《たま》を込《こ》めることができません。

こうしている間《あいだ》にも、ホッキョクグマは、ぐんぐん近《ちか》づいてきます。もう、犬《いぬ》たちとの距離《きょり》は三メートルくらいしかありません。

――俺《おれ》のたいせつな犬《いぬ》たちに何《なに》かしてみろ。今度《こんど》は驚《おどろ》かすだけじゃすまないからな!――

植村《うえむら》さんは、弾《たま》を込《こ》めた銃《じゅう》の引《ひ》き金《がね》に指《ゆび》をかけて、巨大《きょだい》なクマに狙《ねら》いを定《さだ》めました。その距離《きょり》は、ますます縮《ちぢ》まってきました。けれども、さすがのホッキョクグマも、十頭以上《とういじょう》のエスキモー犬《けん》に牙《きば》をむかれて、それ以上《いじょう》は近《ちか》づけないようです。

そんな中《なか》、ほかの犬《いぬ》より手綱《たづな》が長《なが》いアンナは、ホッキョクグマに一番近《いちばんちか》い位置《いち》で

吠《ほ》え続《つづ》けていました。しかし、さすがに危険《きけん》と感《かん》じると、少《すこ》し下《さ》がって吠《ほ》え立《た》てました。

クマが姿《すがた》を現《あらわ》して十分《ぷん》が過《す》ぎました。しかし、まだクマは犬《いぬ》たちのまわりをうろうろしています。どうやら、ソリに積《つ》んであるアザラシの肉《にく》の匂《にお》いをかぎつけたらしいのです。

しかし、激《はげ》しく吠《ほ》える犬《いぬ》には手《て》を出《だ》せないとみて、来《き》た道《みち》を帰《かえ》っていきました。

「ふぅ〜〜。助《たす》かった……」

植村《うえむら》さんは、その場《ば》にへなへなと座《すわ》り込《こ》んでしまいました。

しばらくして落《お》ち着《つ》きを取《と》り戻《もど》した植村《うえむら》さんは、テントの中《なか》に戻《もど》り、飲《の》みかけのお茶《ちゃ》をすすっていました。

すると、また犬《いぬ》たちの鳴《な》き声《ごえ》が聞《き》こえてきました。

ワンッ、ワンッ

ワンッ、ワンッ
ワンッ、ワンッ
——今度《こんど》は、なんだ⁉——

植村《うえむら》さんがテントの外《そと》に出《で》ると、先《さき》ほどのホッキョクグマが、再《ふたた》び近《ちか》づいてくるではありませんか。

——なんてことだ。しぶといクマだ——

植村《うえむら》さんは、ライフルを再《ふたた》び手《て》にしました。

ホッキョクグマは、犬《いぬ》たちのそばまで近《ちか》づいてきて、うろうろしはじめました。

植村《うえむら》さんのライフルを持《も》つ手《て》に力《ちから》が入《はい》ります。

犬《いぬ》たちは、前回《ぜんかい》よりも身《み》の危険《きけん》を感《かん》じているのか、いっそうけたたましく吠《ほ》え立《た》てています。

けれども、先《さき》ほどと違《ちが》い、よっぽどお腹《なか》がすいているのか、ホッキョクグマは犬《いぬ》たちに牙《きば》をむかれても、たじろぎません。

――これは、危険《きけん》だ――

植村《うえむら》さんは、ホッキョククマめがけてライフルの引《ひ》き金《がね》を五回《かい》、引《ひ》きました。

パンッ、パンッ、パンッ、パンッ、パンッ。

弾《たま》は、ホッキョクグマのそばを通過《つうか》していきました。

これには、さすがのクマも驚《おどろ》いたのか、あわてて逃《に》げていきました。

アンナも、今度《こんど》は手綱《たづな》をいっぱいに伸《の》ばして、巨大《きょだい》なクマに向《む》かって吠《ほ》え立《た》てていました。

――ふぅ～～。どうやら、助《たす》かったようだ。それにしても、恐《おそ》ろしかったなぁ――

ホッキョクグマが姿《すがた》を現《あらわ》したのは、わずか二十分間《ぷんかん》でしたが、植村《うえむら》さんには、とても長《なが》い時間《じかん》に感《かん》じられました。

ひとりじゃなかった「単独《たんどく》一万《まん》一千《せん》キロ」

「お〜〜い。もうすぐゴールだぞ。アンナ、そんなに急《いそ》がなくもいいんだぞ。アハハハハハッ。ゆっくり走《はし》れ、ゆっくり。あれが、夢《ゆめ》にまでみた、旅《たび》の最終《さいしゅう》ゴール、コッツビューの町《まち》なんだぞ〜〜」

一九七六（昭和《しょうわ》五十一）年《ねん》五月八日《がつようか》、植村《うえむら》さんはソリの上《うえ》からアンナたちに向《む》かって叫《さけ》んでいました。それは、とてもうれしそうな叫《さけ》び声《ごえ》でした。そうです。植村《うえむら》さんと犬《いぬ》たちは、大氷原《だいひょうげん》を走《はし》りぬき、ついにアラスカのコッツビューという旅《たび》のゴールに到着《とうちゃく》しようとしていたのです。

「お〜い、アンナ。明日《あした》からは、もうソリをひかなくていいんだぞ」

アンナは植村《うえむら》さんの声《こえ》に耳《みみ》をぴくりと動《うご》かしただけで、走《はし》り続《つづ》けました。

町《まち》の家々《いえいえ》に続《つづ》き、町《まち》の人《ひと》たちの姿《すがた》も見《み》えてきました。

植村《うえむら》さんが、「単独犬《たんどくいぬ》ゾリ北極圏《ほっきょくけん》一万《まん》二千《せん》キロの旅《たび》」をしていることを、地元《じもと》の人《ひと》たちはニュースで知《し》っていました。町《まち》の人《ひと》たちは、ゴールする植村《うえむら》さんを待《ま》ち続《つづ》けてくれていたのです。厳《きび》しい自然《しぜん》の中《なか》で生《い》きぬいている人《ひと》は、旅人《たびびと》にやさしいのです。

「やっと着《つ》いたぞ。ゴールだぞ！」

植村《うえむら》さんが一年半《ねんはん》という長《なが》い時間《じかん》を費《つい》やした「北極圏《ほっきょくけん》一万《まん》二千《せん》キロ」を走《はし》りきった瞬間《しゅんかん》、集《あつ》まっていた人《ひと》たちはソリに近《ちか》づいてきました。

「ナオミ、おめでとう！」

「オオミ、すごいぞ！」

「ナオミ、ゴールしたんだよ！」

植村《うえむら》さんにしたら見知《みし》らぬ人《ひと》たちでしたが、町《まち》の人《ひと》たちにとっての植村《うえむら》さんは、「単独犬《たんどくいぬ》ゾリ北極圏《ほっきょくけん》一万《まん》二千《せん》キロの旅《たび》」に挑《いど》んで、しかも成功《せいこう》させた英雄《えいゆう》でした。

町《まち》の人《ひと》たちからのお祝《いわ》いを受《う》けた植村《うえむら》さんは、アンナのそばにいき、顔《かお》を近《ちか》づけました。

「アンナ、終《お》わったよ。長《なが》い間《あいだ》、ありがとう。もし、あのとき、おまえが五頭《とう》の犬《いぬ》を連《つ》れて戻《もど》ってきてくれなかったら、こうしてゴールにたどり着《つ》くどころか、きっと生《い》きてはいなかっただろう。途中《とちゅう》、何度《なんど》もくじけそうになったけれど、あきらめなくてほんとうによかった」

アンナは、植村《うえむら》さんの顔《かお》をペロペロとなめまわしました。

植村《うえむら》さんは、犬《いぬ》たちに「がんばれ！」と励《はげ》ましながらソリを進《すす》めてきました。けれども、その「がんばれ！」は、果《は》てしない氷《こおり》の上《うえ》で孤独《こどく》に立《た》ち向《む》かっている自分《じぶん》の気持《きも》ちを駆《か》り立《た》てるための「がんばれ！」でもありました。

植村《うえむら》さんは、この「単独犬《たんどくいぬ》ゾリ北極圏《ほっきょくけん》一万二千《まんせん》キロの旅《たび》」で出会《であ》った犬《いぬ》たち一頭《とう》一頭《とう》に感謝《かんしゃ》をしながら、言葉《ことば》を贈《おく》っていました。

「ソリをひいてくれて、ほんとうにありがとう。疲《つか》れただろう。こうしてゴールできたのは、ぼくの力《ちから》ではなく、おまえたちのおかげなんだよ」

植村《うえむら》さんは、いつものようにたったひとりで、いいえ、犬《いぬ》たちとともに、この破《は》天荒《てんこう》の冒険《ぼうけん》をやりとげたのでした。

第《だい》二章《しょう》　生《い》きぬいた「北《きた》の大地《だいち》・北海道《ほっかいどう》」

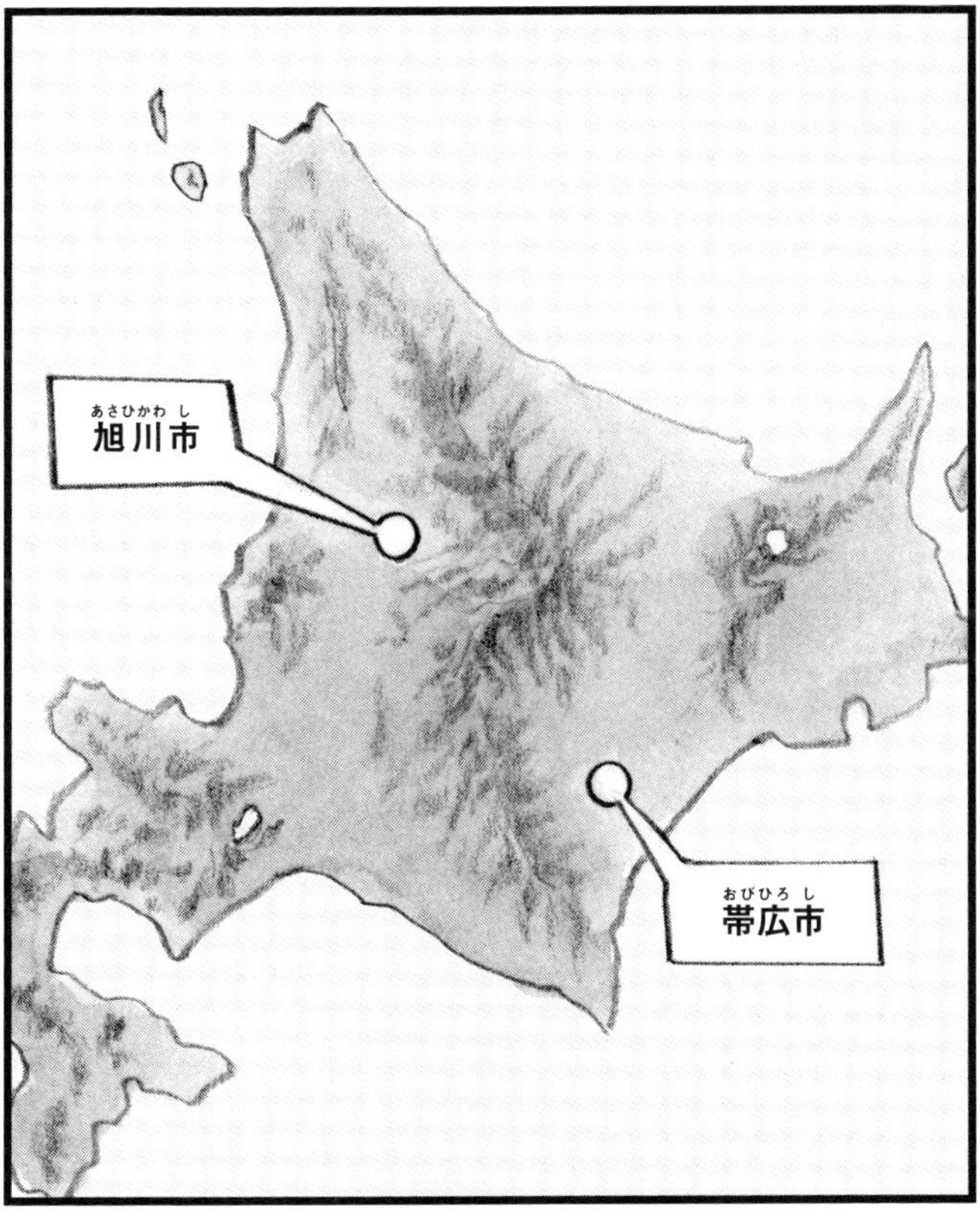

「おびひろ動物園《どうぶつえん》」のある帯広市《おびひろし》と
「旭山動物園《あさひやまどうぶつえん》」のある旭川市《あさひかわし》の距離《きょり》は約《やく》170キロ。

アンナ、北海道《ほっかいどう》へ

「単独犬《たんどくいぬ》ゾリ北極圏《ほっきょくけん》一万《まん》二千《せん》キロの旅《たび》」のゴールであるコツビューの町《まち》で何日《なんにち》かを過《す》ごした植村《うえむら》さんは、一緒《いっしょ》に行動《こうどう》をしてきた犬《いぬ》たちのことを考《かんが》えはじめました。

――いよいよ、おまえたちともお別《わか》れだな――

グリーンランドと違《ちが》って、ここアラスカでは、犬《いぬ》ゾリはスポーツです。だから、アラスカの人《ひと》たちに犬《いぬ》たちを飼《か》ってもらえれば、「使役犬《しえきけん》」としてではなく「飼《か》い犬《いぬ》」として穏《おだ》やかな生活《せいかつ》を送《おく》ることができると、植村《うえむら》さんは考《かんが》えていました。

――ここアラスカで、犬《いぬ》たちと別《わか》れるということは、二度《にど》と会《あ》えないことになるんだなぁ――

植村《うえむら》さんは犬《いぬ》たちを地元《じもと》の人《ひと》に引《ひ》き取《と》ってもらうことにしました。けれども、苦《く》楽《らく》をともにした犬《いぬ》たちとの別《わか》れはつらいものです。そこで植村《うえむら》さんは、せめて家族《かぞく》同然《どうぜん》となった犬《いぬ》たちの何頭《なんとう》かを日本《にほん》に連《つ》れて帰《かえ》りたいと考《かんが》えました。しかし、犬《いぬ》たちを日本《にほん》のどこで飼《か》っていいのかわかりません。厳《きび》しい寒《さむ》さの場所《ばしょ》で生《い》きるエスキモー犬《けん》には、住《す》まいがある東京《とうきょう》では暑《あつ》すぎてかわいそうです。

――犬《いぬ》たちが暮《く》らせる安住《あんじゅう》の地《ち》……。北極圏《ほっきょくけん》と少《すこ》しでも似《に》た気候《きこう》の土地《とち》……――

そんなことを植村《うえむら》さんが考《かんが》えている頃《ころ》、日本《にほん》では『植村直己《うえむらなおみ》さんが「単独犬《たんどくいぬ》ゾリ北極圏《ほっきょくけん》一万《まん》二千《せん》キロの旅《たび》」をなしとげた』というニュースが駆《か》けめぐっていました。

そして、北海道帯広市《ほっかいどうおびひろし》では、「植村直己《うえむらなおみ》さんと一緒《いっしょ》に北極圏《ほっきょくけん》を走《はし》りぬけた犬《いぬ》を譲《ゆず》ってほしい」という話《はなし》が持《も》ち上《あ》がっていました。そのことが、帯広市《おびひろし》にいた知《し》り合《あ》いを通《とお》して、植村《うえむら》さんのもとに伝《つた》わってきました。

植村《うえむら》さんの胸《むね》の中《なか》に、比較的《ひかくてき》気温《きおん》が低《ひく》くて、犬《いぬ》たちが過《す》ごしやすい北海道《ほっかいどう》の風景《ふうけい》が浮《う》かんできました。

植村《うえむら》さんは、学生《がくせい》時代《じだい》に、北海道《ほっかいどう》の南部《なんぶ》の十勝《とかち》地方《ちほう》の山《やま》を登《のぼ》ったり、北側《きたがわ》の宗谷《そうや》岬《みさき》から日本《にほん》列島《れっとう》を歩《ある》いて縦断《じゅうだん》する旅行《りょこう》のスタートを切《き》ったこともありました。

――そうか、北海道《ほっかいどう》ならば――

植村《うえむら》さんは、四頭《とう》の犬《いぬ》を日本《にほん》に連《つ》れて帰《かえ》ることにしました。その犬《いぬ》は、スタートからゴールまでを完走《かんそう》したアンナ、親身《しんみ》になって世話《せわ》をしてくれたシオラパルクのイヌートソア夫妻《ふさい》から譲《ゆず》り受《う》けたイヌートソアI号《いちごう》・II号《にごう》の兄弟犬《きょうだいけん》、カナダから加《くわ》わりモメゴトをおこすイグルーでした。そして、日本《にほん》へ一緒《いっしょ》に連《つ》れていけない九頭《とう》の犬《いぬ》たちの里親《さとおや》を見《み》つけて歩《ある》きました。

植村《うえむら》さんは、自分《じぶん》をコツビューの町《まち》まで自分《じぶん》を運《はこ》んでくれた九頭《とう》の犬《いぬ》たちにも、感謝《かんしゃ》の気持《きも》ちでいっぱいでした。

――ありがとうな、おまえたち。一緒《いっしょ》に日本《にほん》に行《い》くことはできないけれど、おかげで「北極圏《ほっきょくけん》一万《まん》二千《せん》キロ」を完走《かんそう》することができたよ。これからは、このコツビューの町《まち》で幸《しあわ》せに暮《く》らすんだぞ——

一九七六（昭和《しょうわ》五十一）年《ねん》五月《がつ》、植村《うえむら》さんは四頭《とう》の犬《いぬ》たちより一足早《ひとあしはや》く日本《にほん》に戻《もど》りました。

そんな中《なか》、北海道帯広市《ほっかいどうおびひろし》の「おびひろ動物園《どうぶつえん》」にはイグルーとイヌートソアⅠ号《いちごう》が、帯広市《おびひろし》から百七十《ひゃくななじゅっ》キロほどはなれた旭川市《あさひかわし》の「旭山動物園《あさひやまどうぶつえん》」にはアンナとイヌートソアⅡ号《にごう》がプレゼントされることになりました。

伝染病《でんせんびょう》が広《ひろ》がるのを防《ふせ》ぐための検査《けんさ》が必要《ひつよう》だったため、四頭《とう》の犬《いぬ》は植村《うえむら》さんより、約《やく》一ヵ月遅《げつおく》れて日本《にほん》に到着《とうちゃく》しました。

そして、六月《がつ》十一日《にち》の午後《ごご》、植村《うえむら》さんは四頭《とう》の犬《いぬ》とともに、北海道《ほっかいどう》の千歳《ちとせ》空港《くうこう》に降《お》り立《た》ちました。

小雨《こさめ》の降《ふ》る空港《くうこう》で、植村《うえむら》さんは、出迎《でむか》えてくれた動物園関係者《どうぶつえんかんけいしゃ》に向《む》けてあいさつしました。

「犬《いぬ》たちがいたから、そして走《はし》ってくれたから、旅《たび》の目的地《もくてきち》まで着《つ》くことができたし、生《い》きて帰《かえ》ってくることができたと思《おも》っています。だから、旅《たび》が終《お》わったとき、どうしても犬《いぬ》たちを残《のこ》して自分《じぶん》だけが日本《にほん》に帰《かえ》る気持《きも》ちになれなかったんです。でも、全部《ぜんぶ》の犬《いぬ》を連《つ》れて帰《かえ》ることはとてもできなかったので、この四頭《とう》を代表《だいひょう》のつもりで連《つ》れてきました。でも、ぼくの生活《せいかつ》では、この犬《いぬ》たちを飼《か》ってゆく余裕《よゆう》はありませんでした。みなさん、この犬《いぬ》たちをもらっていただいて、どうもありがとうございます」

アンナたちがもらわれていく「旭山動物園《あさひやまどうぶつえん》」の新人飼育員《しんじんしいくいん》・深坂勉《ふかさかつとむ》さんは、首輪《くびわ》と鎖《くさり》を持《も》って、空港《くうこう》に迎《むか》えにきていました。植村《うえむら》さんは、その鎖《くさり》と首輪《くびわ》を深坂《ふかさか》さんから受《う》け取《と》ると、木箱《きばこ》の中《なか》の犬《いぬ》たちに取《と》りつけました。すると、四頭《とう》が姿《すがた》を現《あらわ》して

アンナとイヌートソアⅡ号《にごう》がいた旭山動物園《あさひやまどうぶつえん》。

きました。

四頭《とう》の犬《いぬ》たちは、厳《きび》しい「北極圏《ほっきょくけん》一万《まん》二千《せん》キロの旅《たび》」を走《はし》りぬいたとは思《おも》えないような、静《しず》かで落《お》ち着《つ》きのある表情《ひょうじょう》で深坂《ふかさか》さんの目《め》の前《まえ》に現《あらわ》れました。

――がまん強《つよ》くて丈夫《じょうぶ》そうな犬《いぬ》だなぁ。人間《にんげん》にかみついたり、暴《あば》れたりしないのかなぁ。この犬《いぬ》たちが吹雪《ふぶき》と氷《こおり》の大自然《だいしぜん》の中《なか》を走《はし》りぬいたんだなぁ――

深坂《ふかさか》さんは、そんなことをぼんやりと考《かんが》えていました。

その後《ご》、アンナとイヌートソアⅡ号《にごう》は、

深坂《ふかさか》さんが運転《うんてん》するトラックで、「旭山動物園《あさひやまどうぶつえん》」に向《む》かうことになりました。

「アンナたちエスキモー犬《けん》は、普通《ふつう》の犬《いぬ》の平均寿命《へいきんじゅみょう》ほどは生《い》きられないと聞《き》いています。でも、残《のこ》された余生《よせい》をできるだけ静《しず》かに楽《たの》しく過《す》ごさせてやるには、北海道《ほっかいどう》の動物園《どうぶつえん》という環境《かんきょう》はぴったりです。アンナたちも幸《しあわ》せです。深坂《ふかさか》さん、どうぞよろしくお願《ねが》いします」

そう深坂《ふかさか》さんに言《い》い置《お》いて、植村《うえむら》さんは東京《とうきょう》に帰《かえ》って行《い》きました。

次《つぎ》の夢《ゆめ》

アンナたちが北海道《ほっかいどう》にやってきた年《とし》の最初《さいしょ》の夏《なつ》、東京《とうきょう》のデパートで、「単独犬《たんどくいぬ》ゾリ北極圏《ほっきょくけん》一万《まん》二千《せん》キロの旅《たび》」の展示会《てんじかい》が開《ひら》かれました。そこに、「おびひろ動物園《どうぶつえん》」からエスキモー犬《けん》を連《つ》れてきて、たくさんの人《ひと》に見《み》てもらうことになりました。

その展示会《てんじかい》の最終日《さいしゅうび》、「おびひろ動物園《どうぶつえん》」から職員《しょくいん》の中村悟《なかむらさとる》さんが、犬《いぬ》を引《ひ》き取《と》りにやってきました。中村《なかむら》さんは、そこで植村《うえむら》さんと初《はじ》めて会《あ》いました。

中村《なかむら》さんは、植村《うえむら》さんのことを、ひとりで冒険《ぼうけん》をする人《ひと》だから、さぞかしがっちりとした体格《たいかく》の人《ひと》だと想像《そうぞう》していました。けれども、植村《うえむら》さんは身長百六十《しんちょうひゃくろくじゅっ》センチあまり。どちらかといえば小柄《こがら》で、初《はじ》めて会《あ》った人《ひと》にはひ弱《よわ》そうにもみえました。

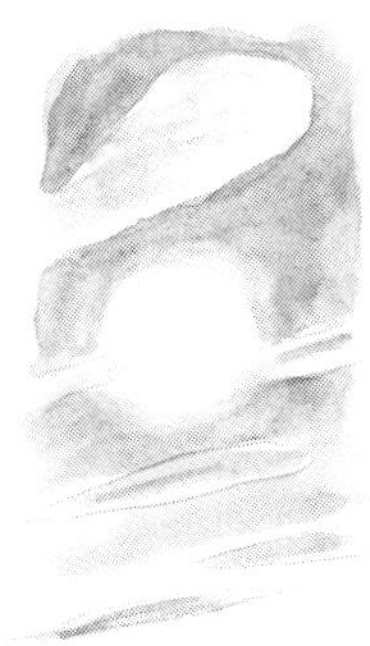

中村《なかむら》さんは、あまりにもイメージとかけはなれていた姿《すがた》に、驚《おどろ》いてしまいました。

そんな中村《なかむら》さんに向《む》けて、植村《うえむら》さんはやわらかい声《こえ》であいさつをしました。

「はじめまして、植村《うえむら》です」

中村《なかむら》さんは、多《おお》くの冒険《ぼうけん》をなしとげたにもかかわらず、まったくおごったところがない植村《うえむら》さんの人柄《ひとがら》にも驚《おどろ》いてしまいました。

――こんな人《ひと》が、あんなにでっかい冒険《ぼうけん》をやったなんて……。いや、このような人《ひと》だから、あんなに大《おお》きなことができたに違《ちが》いない――

「はじめまして、中村《なかむら》です」

「イグルーとイヌートソアI号《いちごう》がお世話《せわ》になっています」

「犬《いぬ》たちは動物園《どうぶつえん》でも大人気《だいにんき》です」

「そうですか。あいつらは、北極圏《ほっきょくけん》をがんばって走《はし》ってくれました」

中村《なかむら》さんは、植村《うえむら》さんにたずねました。

イグルーとイヌートソアⅠ号《いちごう》がいたおびひろ動物園《どうぶつえん》。

「植村《うえむら》さんが次《つぎ》になしとげたい夢《ゆめ》は、なんですか？」

植村《うえむら》さんは、遠《とお》くを見《み》つめるような目《め》をして答《こた》えました。

「そうですねぇ。南極《なんきょく》のビンソンマシフ山《さん》に登《のぼ》ることと、単独犬《たんどくいぬ》ゾリ南極大陸《なんきょくたいりく》三千《ぜん》キロの旅《たび》ですね」

「単独犬《たんどくいぬ》ゾリ南極大陸《なんきょくたいりく》三千《ぜん》キロの旅《たび》」は、植村《うえむら》さんが十年以上《ねんいじょう》も夢見《ゆめみ》ていた冒険《ぼうけん》でした。だから、なんとか実現《じつげん》させたかったのです。

「南極《なんきょく》ですか……」

「そうなんです。この南極大陸《なんきょくたいりく》三千《ぜん》キロの犬《いぬ》ゾリ旅行《りょこう》が終《お》わったら、中村《なかむら》さんたちが暮《く》らす北海道《ほっかいどう》の帯広《おびひろ》に野外学校《やがいがっこう》を開《ひら》いて、十勝《とかち》地方《ちほう》で暮《く》らしてみたいですね」

「ほんとうですか？」

「ええ。ゆくゆくは、十勝《とかち》の大地《だいち》で子《こ》どもたちに登山《とざん》・キャンプ・スキー・丸太小《まるたこ》屋作《やづく》り・サバイバル技術《ぎじゅつ》などを教《おし》えたいんです」

「ほぉ、そうだったんですか」

「私《わたし》の出身地《しゅっしんち》である兵庫県《ひょうごけん》の日高町《ひだかちょう》は四方《しほう》を山《やま》に囲《かこ》まれた、日本海側《にほんかいがわ》の盆地《ぼんち》なんです。だから、同《おな》じ名前《なまえ》の日高山脈《ひだかさんみゃく》の近《ちか》くにある帯広《おびひろ》に、どこか縁《えん》を感《かん》じます」

「なるほど……」

「それにカナダやアラスカの犬《いぬ》ゾリレースに日本《にほん》の代表《だいひょう》として、ぜひ帯広《おびひろ》から、ドッグチームを出場《しゅつじょう》させたいと思《おも》っています。カナダのイエローナイフで行《おこな》われる犬《いぬ》ゾリレースは、たいへん参考《さんこう》になりますので、中村《なかむら》さんも、ぜひ視察《しさつ》に行《い》ってみてください」

中村《なかむら》さんは、植村《うえむら》さんの人柄《ひとがら》が、あまりにも親《した》しみやすいので、一度《いちど》でファンになってしまいました。

その後《ご》、帯広《おびひろ》を何度《なんど》も訪《たず》ねることになった植村《うえむら》さんは、中村《なかむら》さんとの友情《ゆうじょう》を深《ふか》めていくことになるのです。

アンナと新米《しんまい》飼育《しいく》員《いん》

「旭山動物園《あさひやまどうぶつえん》」の飼育係《しいくがかり》である深坂勉《ふかさかつとむ》さんは、アンナたちを受《う》け取《と》りにいった帰《かえ》りのトラックの中《なか》で思《おも》っていました。

――植村《うえむら》さんから「犬《いぬ》たちを甘《あま》やかさないでください」と言《い》われたものの、有名《ゆうめい》な人《ひと》が連《つ》れてきた「特別《とくべつ》な犬《いぬ》」をどうやって飼育《しいく》していこうか……。旭川《あさひかわ》の町《まち》は盆地《ぼんち》だから、夏場《なつば》は暑《あつ》くなる日《ひ》もあるから、寒《さむ》い場所《ばしょ》で育《そだ》ってきたエスキモー犬《けん》の飼育《しいく》には気《き》をつけなければいけないぞ。「特別《とくべつ》な犬《いぬ》」を面倒《めんどう》みることはたいへんだ――

その後《ご》、「旭山動物園《あさひやまどうぶつえん》」に着《つ》いた二頭《とう》は、旅《たび》の疲《つか》れも見《み》せないで、用意《ようい》されていたドッグフードをペロリとたいらげました。そんなアンナたちの頭《あたま》を、深坂《ふかさか》さんがやさしくなでると、気持《きも》ちよさそうに目《め》を細《ほそ》めました。

深坂《ふかさか》さんは、アンナが「北極圏一万二千キロの旅《ほっきょくけんまんにせんたび》」のリーダー犬《けん》を務《つと》めていたとは思《おも》えないほど、とても温厚《おんこう》な性格《せいかく》の犬《いぬ》だということがわかってきました。

――これなら動物園《どうぶつえん》に訪《おとず》れる子《こ》どもたちの人気者《にんきもの》になるはずだ。きっと、植村《うえむら》さんとともに北極圏《ほっきょくけん》で活躍《かつやく》した英雄犬《えいゆうけん》をひと目見《めみ》ようと、大勢《おおぜい》の人《ひと》がやってくるに違《ちが》いない。開園《かいえん》十年目《ねんめ》を迎《むか》えた「旭山動物園《あさひやまどうぶつえん》」には、なによりのプレゼントだなぁ――

北国《きたぐに》・旭川《あさひかわ》にも夏《なつ》が近《ちか》づいていました。アンナたちは、直射日光《ちょくしゃにっこう》があたらないように屋根《やね》つきのプレハブ小屋《ごや》に入《い》れられ、窓を開《あ》けはなった風通《かぜとお》しのいい状態《じょうたい》で飼育《しいく》されることになりました。この場所《ばしょ》は、動物《どうぶつ》たちが冬《ふゆ》を越《こ》すための「越冬舎《えっとうしゃ》」の一室《いっしつ》だったので、ほかの動物《どうぶつ》のように人目《ひとめ》にふれることはなく、ゆっくりと北海道《ほっかいどう》の環境《かんきょう》に体《からだ》を慣《な》らすことができるのです。

翌朝《よくあさ》、二頭《とう》の犬《いぬ》を開園前《かいえんまえ》の動物園《どうぶつえん》で散歩《さんぽ》させてみた深坂《ふかさか》さんは、その歩《ある》き方《かた》を見《み》て思《おも》っていました。

――二頭《とう》とも北極圏《ほっきょくけん》を走《はし》りぬいただけあって、りりしい表情《ひょうじょう》をしているし、胸板《むないた》や足《あし》の厚《あつ》みはたくましい限《かぎ》りだ。それに、五歳《さい》になるアンナはリーダー犬《けん》だっただけあり、落《お》ち着《つ》いた風格《ふうかく》がある犬《いぬ》だなぁ。反対《はんたい》に、二歳《さい》のイヌートソアⅡ号《にごう》は、まだ若《わか》いからあどけない顔《かお》をしていて、人《ひと》なつこそうだなぁ――

しばらくすると、二頭《とう》は、深坂《ふかさか》さんにじゃれついてきました。

――これならば、来年《らいねん》は金網《かなあみ》のオリの中《なか》で、一般《いっぱん》のお客《きゃく》さんにも、お披露目《ひろめ》できるだろう――

深坂《ふかさか》さんには、アンナたちが「特別《とくべつ》な犬《いぬ》」ではなく、親《した》しみやすい「普通《ふつう》の犬《いぬ》」のように思《おも》えてきました。

その後《ご》、「エスキモー犬《けん》を見《み》たい」というお客《きゃく》さんがいると、深坂《ふかさか》さんは二頭《とう》をプレハブ小屋《ごや》から連《つ》れ出《だ》して、入場者《にゅうじょうしゃ》がいる園内《えんない》を散歩《さんぽ》させました。こうして、人間《にんげん》の目《め》に少《すこ》しずつ慣《な》れさせていったのです。

そんな中《なか》、深坂《ふかさか》さんは、アンナのお腹《なか》が大《おお》きくなっていることに気《き》がつきました。

「あれっ、アンナ。ひょっとしてお腹《なか》にあかちゃんがいるのかい？」

アンナのお腹《なか》には「おびひろ動物園《どうぶつえん》」に引《ひ》き取《と》られたイヌートソアI号《いちごう》との子《こ》どもがやどっていたのです。

それからしばらくした、八月《がつ》三日《みっか》の朝《あさ》でした。深坂《ふかさか》さんが犬舎《けんしゃ》の中《なか》をのぞくと、アンナが四頭《とう》の子犬《こいぬ》をかかえていました。前《まえ》の日《ひ》の夜《よる》から朝《あさ》にかけて、アンナはオスとメス二頭《とう》ずつの子犬《こいぬ》を産《う》んだのです。

深坂《ふかさか》さんたち飼育員《しいくいん》は、子犬《こいぬ》を産《う》んでナイーブになっているアンナに、しばらくは近寄《ちかよ》らないで、そっと見守《みまも》っていくことにしました。

その年《とし》、北海道《ほっかいどう》に厳《きび》しい冬《ふゆ》がやってくると、動物園《どうぶつえん》の職員《しょくいん》は、アンナとイヌートソアⅡ号《にごう》、そして四頭《とう》の子犬《こいぬ》たちの六頭《とう》のドッグチームをつくり、犬《いぬ》ゾリを走《はし》らせました。この当時《とうじ》の「旭山動物園《あさひやまどうぶつえん》」は、冬《ふゆ》の間《あいだ》は閉《し》まっていたため、来園者《らいえんしゃ》がいない広《ひろ》い園内《えんない》を運動《うんどう》がてら、ソリをひかせていたのです。

そのときもアンナは先頭《せんとう》にいて、ほかの犬《いぬ》たちをまとめるなど、リーダーシップを発揮《はっき》しました。それに、初《はじ》めて走《はし》る所《ところ》でも、まわりを見《み》ながら、すぐに道順《みちじゅん》を覚《おぼ》えてしまいました。

また、マイナス二十度《ど》近《ちか》くにもなる旭川《あさひかわ》の冬《ふゆ》を喜《よろこ》んでいるのか、アンナたちの瞳《ひとみ》は鋭《するど》く輝《かがや》いていました。

そんなアンナは、深坂《ふかさか》さんの言《い》うことをよく聞《き》いてくれました。

――やっぱり、アンナはかしこいや――

深坂《ふかさか》さんは、アンナが大好《だいす》きになりました。

また、思《おも》い出《だ》したように「旭山動物園《あさひやまどうぶつえん》」にやってきた植村《うえむら》さんは、アンナたちに声《こえ》をかけて、久《ひさ》しぶりの再会《さいかい》を楽《たの》しんでいました。

「おい、アンナ！　元気《げんき》だったか？　少《すこ》し見《み》ない間《あいだ》に、ずいぶんと太《ふと》ったじゃないか。幸《しあわ》せそうだなぁ」

アンナもイヌートソアⅡ号《にごう》も、しっぽをふって体《からだ》をすり寄《よ》せて、かつての主人《しゅじん》が来《き》たのを喜《よろこ》んでいました。

帯広《おびひろ》に広《ひろ》がる犬《いぬ》ゾリレース

イグルーとイヌートソアI号《いちごう》のいる「おびひろ動物園《どうぶつえん》」では、犬《いぬ》ゾリレースが、毎年《まいとし》、冬《ふゆ》の「氷《こおり》まつり」のイベントの一《ひと》つとなりました。

この「氷《こおり》まつり」にやってきた植村《うえむら》さんは、帯広《おびひろ》の人《ひと》たちの前《まえ》で、犬《いぬ》ゾリレースのダイナミックさを見《み》せてくれました。グリーンランドスタイルの手綱《たづな》が扇《おうぎ》の形《かたち》に広《ひろ》がるつなぎ方《かた》では木《き》などにひっかかってしまうので、カナダやアラスカでやっているように犬《いぬ》を二列《れつ》に並《なら》ばせてソリをすべらせていったのです。

植村《うえむら》さんは、この犬《いぬ》ゾリレースの初代《しょだい》審査《しんさ》委員《いいん》長《ちょう》になりました。そして、十勝《とかち》地方《ちほう》の愛犬家《あいけんか》たちもメンバーとして加《くわ》わるようになったレースは、「氷《こおり》まつり」の代表的《だいひょうてき》なイベントに成長《せいちょう》していくことになるのです。

また、植村《うえむら》さんは縁《えん》ができた帯広《おびひろ》で、たくさんの活動《かつどう》に取《と》り組《く》みました。日本《にほん》にいるときは、毎年《まいとし》のように帯広《おびひろ》を訪《おとず》れて、冬《ふゆ》には犬《いぬ》ゾリレースを楽《たの》しみ、夏《なつ》には浴衣姿《ゆかたすがた》で市民《しみん》の盆踊《ぼんおど》りの輪《わ》の中《なか》に入《はい》りました。さらに地元《じもと》の福祉《ふくし》センターでは北極圏《ほっきょくけん》のスライド写真《しゃしん》を見《み》せたり、市内《しない》の中学校《ちゅうがっこう》では全校生徒《ぜんこうせいと》を前《まえ》に冒険《ぼうけん》の話《はなし》をしました。こうして、温《あたた》かい人柄《ひとがら》の植村《うえむら》さんは、帯広市民《おびひろしみん》との交流《こうりゅう》を深《ふか》めていったのです。

もちろん、そのたびに、動物園《どうぶつえん》にいるイグルーとイヌートソアI号《いちごう》に会《あ》いに行《い》きました。この二頭《とう》がいる犬舎《けんしゃ》には、「おびひろ動物園《どうぶつえん》」の飼育係《しいくがかり》である伊藤直實《いとうなおみ》さんに案内《あんない》されてやってきました。そして、その犬舎《けんしゃ》の中《なか》でたいせつに飼《か》われている二頭《とう》を見《み》ては「北極圏《ほっきょくけん》一万《まん》二千《せん》キロの旅《たび》」を思《おも》い出《だ》していました。

――イグルー。II号《にごう》。あの頃《ころ》のおまえたちは、ほんとうによくやってくれたよ――

しばらく犬《いぬ》たちを見《み》つめた後《あと》、よく植村《うえむら》さんは、伊藤《いとう》さんに様子《ようす》をたずねました。

「犬《いぬ》たちは元気《げんき》そうですね」

「ええ、元気《げんき》で暮《く》らしていますよ」

「このイグルーは、非常《ひじょう》に個性《こせい》の強《つよ》い犬《いぬ》でした。旅《たび》の途中《とちゅう》もモメゴトがあると、必《かなら》ずこの犬《いぬ》が加《くわ》わっていたトラブルメーカーだったんです。でも、どこかそんな落《お》ちこぼれ具合《ぐあい》が印象《いんしょう》に残《のこ》ったので、別《わか》れられず、日本《にほん》に連《つ》れて帰《かえ》ってきたんです」

「やっぱり、そうだったのですか。植村《うえむら》さんの言《い》われる通《とお》り、動物園《どうぶつえん》の犬《いぬ》ゾリ訓練《くんれん》にイグルーが入《はい》ると、犬《いぬ》たちの呼吸《こきゅう》が合《あ》わなくなりました。だから、イグルーが訓練《くんれん》に加《くわ》わることは、ほとんどありません」

イグルーは人間《にんげん》に対《たい》して、愛情《あいじょう》を示《しめ》すことがないクールな犬《いぬ》だったので、植村《うえむら》さんが来《き》ても知《し》らん顔《かお》です。

「イグルーは、一《ひと》くせも二《ふた》くせもある犬《いぬ》ですから……」

と植村《うえむら》さんは、イグルーを見《み》て、苦笑《にがわら》いをしました。

「そうですね。イグルーは私《わたし》たち飼育員《しいくいん》ともべたべたしたした関係《かんけい》にならずに暮《く》らしています。日本《にほん》のペット犬《けん》と違《ちが》って、人《ひと》にこびることはしません。イグルーを見《み》ていると、厳《きび》しい寒《さむ》さの地《ち》で生《い》きぬいてきたエスキモー犬《けん》は、人間《にんげん》との闘《たたか》い、それに自然《しぜん》との闘《たたか》いもあって、甘《あま》えて生《い》きられなかったのだと思《おも》えるんです」

そんな、ドッグチームという組織《そしき》と足並《あしな》みをそろえることができない「落《お》ちこぼれ犬《いぬ》」を、植村《うえむら》さんはどこか憎《にく》めないでいました。

植村《うえむら》さんは、もう少《すこ》し勉強《べんきょう》ができたり、普通《ふつう》に会社《かいしゃ》で働《はたら》くことができる人間《にんげん》だったら、冒険家《ぼうけんか》にはなっていませんでした。どこか、そんな自分《じぶん》とイグルーを重《かさ》ね合《あ》わせていたのかもしれません。

もう一度《いちど》アンナに会《あ》いに来《き》て！

「おびひろ動物園《どうぶつえん》」では、「旭山動物園《あさひやまどうぶつえん》」からもらい受《う》けたアンナの子《こ》・アンが、成長《せいちょう》して六頭《とう》の子犬《こいぬ》を産《う》むなど、アンナの子孫《しそん》は、帯広《おびひろ》を中心《ちゅうしん》に増《ふ》えていきました。

一方《いっぽう》、植村《うえむら》さんは、一九七八（昭和《しょうわ》五十三）年《ねん》、世界《せかい》でもっとも勇気《ゆうき》ある行動《こうどう》をした人《ひと》に贈《おく》られる「バラー・イン・スポーツ賞《しょう》」を受賞《じゅしょう》しました。この賞《しょう》は、イギリスではとても権威《けんい》がありました。

そんな植村《うえむら》さんは、ふつふつと「単独犬《たんどくいぬ》ゾリ南極大陸《なんきょくたいりく》三千《ぜん》キロの旅《たび》」への夢《ゆめ》をふくらませていたのです。

そして、四年後《ねんご》の一九八二（昭和《しょうわ》五十七）年《ねん》、夢《ゆめ》だった「単独犬《たんどくいぬ》ゾリ南極大陸《なんきょくたいりく》三千《ぜん》キロの旅《たび》」に挑《いど》むため南極《なんきょく》へ渡《わた》りました。

植村《うえむら》さんには、世界各地《せかいかくち》にファンがいました。その中《なか》の一家族《いちかぞく》が、アルゼンチンの軍隊《ぐんたい》に、この冒険《ぼうけん》に協力《きょうりょく》してくれるよう頼《たの》んでくれたのです。もちろん、それは世界中《せかいじゅう》の人《ひと》たちを驚《おどろ》かせたいろいろな冒険《ぼうけん》の実績《じっせき》が認《みと》められたからでもありました。

そんな中《なか》で、思《おも》ってもみなかったことがおこりました。南米大陸《なんべいたいりく》の東《ひがし》に浮《う》かぶフォークランド諸島《しょとう》の領土《りょうど》をめぐって、イギリスとアルゼンチンとの間《あいだ》で戦争《せんそう》がはじまってしまったのです。南極《なんきょく》のアルゼンチン軍《ぐん》基地《きち》の軍《ぐん》隊《たい》は、思《おも》ってもみなかった戦争《せんそう》で植村《うえむら》さんへの協力《きょうりょく》ができなくなってしまいました。やむなく植村《うえむら》さんは「単独犬《たんどくいぬ》ゾリ南極大陸《なんきょくたいりく》三千《ぜん》キロの旅《たび》」を一度《いちど》あきらめることにして、日本《にほん》に帰《かえ》ってきました。

南極《なんきょく》での旅《たび》を「最後《さいご》の大冒険《だいぼうけん》」にしたいと考《かんが》えていた植村《うえむら》さんは、大《おお》きなショックを受《う》けました。この戦争《せんそう》がなければ、植村《うえむら》さんは、そのまま南極大陸《なんきょくたいりく》を横断《おうだん》して、十勝《とかち》地方《ちほう》で暮《く》らしはじめていたのかのかもしれません。

アルゼンチン軍《ぐん》の協力《きょうりょく》を得《え》られないことになってしまった植村《うえむら》さんは、今度《こんど》はアメリカの南極《なんきょく》基地《きち》に協力《きょうりょく》してもらおうと考《かんが》えました。そして、一九八三（昭和《しょうわ》五十八）年《ねん》にアメリカへ出発《しゅっぱつ》しましたが、「危険《きけん》すぎる」と断《ことわ》られてしまいました。

けれども、アメリカは、冒険《ぼうけん》に関心《かんしん》の高《たか》い国《くに》です。そのことを知《し》っていた植村《うえむら》さんは、アメリカの協力《きょうりょく》を得《え》るために、たったひとりで六一九四メートルの真冬《まふゆ》の北《ほく》米大陸最高峰《べいたいりくさいこうほう》・マッキンリーに登《のぼ》ることにしました。厳冬期《げんとうき》のマッキンリーにひとりで登《のぼ》ったとなれば、アメリカは植村《うえむら》さんの実力《じつりょく》を認《みと》めて、「ウエムラなら大丈夫《だいじょうぶ》だ」と、南極《なんきょく》での協力《きょうりょく》を約束《やくそく》してくれると考《かんが》えたのです。

こうして、植村《うえむら》さんはマッキンリーに挑《いど》みました。

そして一九八四年《ねん》二月《がつ》十二日《にち》、午後《ごご》六時《じ》五十分《ぷん》――。

植村《うえむら》さんは、世界《せかい》で最初《さいしょ》の「マッキンリー冬期単独登頂《とうきたんどくとちょう》」に成功《せいこう》しました。この山《やま》への冬《ふゆ》の登山《とざん》は、一九六七（昭和《しょうわ》四十二）年《ねん》二月《がつ》に、スイスの登山家《とざんか》のレイ・ジュネさんたち三人《にん》が成功《せいこう》させていました。けれども、たったひとりで頂上《ちょうじょう》まで登《のぼ》ったのは、植村《うえむら》さんが初《はじ》めてだったのです。

ところが……。

その下山途中《げざんとちゅう》の二月《がつ》十三日《にち》。マッキンリーの登頂成功《とちょうせいこう》を伝《つた》える無線交信《むせんこうしん》を最後《さいご》に、植村《うえむら》さんの行方《ゆくえ》がまったくわからなくなってしまったのです。

本格的《ほんかくてき》な捜索活動《そうさくかつどう》がはじまりました。

植村《うえむら》さんは、風《かぜ》の弱《よわ》まるのを待《ま》って、十八日《にち》か十九日《にち》にはベースキャンプに戻《もど》ってくると見《み》られていました。しかし、この間《あいだ》、晴《は》れ渡《わた》った日《ひ》があったのに、四千《せん》二百《ひゃく》メートル地点《ちてん》の雪洞《せつどう》には下山用《げざんよう》のスノーシューズ（かんじき）が残《のこ》されていました。これは、植村《うえむら》さんが、ここまでたどり着《つ》いていないことを証明《しょうめい》していました。

二十日《はつか》は天候《てんこう》が回復《かいふく》したため、捜索活動《そうさくかつどう》は飛行機《ひこうき》二機《き》、ヘリコプター一機《き》を使《つか》って行《おこな》われました。

その後《ご》、植村《うえむら》さんの母校《ぼこう》である明治大学山岳部《めいじだいがくさんがくぶ》のＯＢパーティーも捜索《そうさく》に向《む》かいました。

こうした中《なか》、「おびひろ動物園《どうぶつえん》」には、植村《うえむら》さんと深《ふか》い友情《ゆうじょう》で結《むす》ばれていた帯広《おびひろ》市民《しみん》からの問《と》い合《あ》わせの電話《でんわ》が寄《よ》せられていました。

「セントバーナード犬《けん》を使《つか》ったスイスの救助隊《きゅうじょたい》を派遣《はけん》することはできないでしょうか？」

電話《でんわ》に出《で》た中村《なかむら》さんは、冷静《れいせい》に答《こた》えました。

「あの植村《うえむら》さんのことです。きっと元気《げんき》ですよ」

園長室《えんちょうしつ》の壁《かべ》には「北極圏《ほっきょくけん》一万《まん》二千《せん》キロの旅《たび》」のゴールイン寸前《すんぜん》の植村《うえむら》さんの姿《すがた》をとらえた大《おお》きなパネル写真《しゃしん》が飾《かざ》られています。そのパネルの中《なか》の植村《うえむら》さんの姿《すがた》を見《み》つめながら、中村《なかむら》さんは自分《じぶん》に言《い》い聞《き》かせていました。

――あの植村《うえむら》さんのことだ。ひょっこり姿《すがた》を現《あらわ》すに違《ちが》いない――

中村《なかむら》さんは、植村《うえむら》さんとの間《あいだ》で語《かた》った「夢《ゆめ》」を思《おも》い出《だ》しながら、パネルに向《む》かって話《はな》しかけました。

「植村《うえむら》さん。十勝《とかち》の青少年《せいしょうねん》のために、日高山脈《ひだかさんみゃく》のふもとに野外学校《やがいがっこう》を作《つく》ろうって語《かた》り合《あ》ったじゃないですか……。そのために山《やま》と川《かわ》と畑《はたけ》のある場所《ばしょ》を探《さが》してほしいって言《い》っていたじゃないですか……。犬《いぬ》ゾリも、アラスカやカナダで行《おこな》っている本格《ほんかく》的《てき》なクロスカントリーレースに育《そだ》てていくんでしょう……」

植村《うえむら》さんは、その夢《ゆめ》に向《む》けてアメリカ・ミネソタ州《しゅう》にある野外学校《やがいがっこう》の視察《しさつ》に出《で》かけました。そして、その足《あし》でアラスカに向《む》かい、マッキンリーに挑《いど》んだのです。

中村《なかむら》さんは、ミネソタの野外学校《やがいがっこう》にいた植村《うえむら》さんから届《とど》いた年賀状《ねんがじょう》を机《つくえ》の中《なか》から取《と》り出《だ》しました。そこには、新年《しんねん》のあいさつに加《くわ》えて『ぜひ、野外学校《やがいがっこう》のプランを実現《じつげん》しましょう』と記《しる》されていました。

中村《なかむら》さんは、小《ちい》さくつぶやきました。

「植村《うえむら》さん……」


一方《いっぽう》、アンナとイヌートソアⅡ号《にごう》がいる「旭山動物園《あさひやまどうぶつえん》」の関係者《かんけいしゃ》にも、『植村《うえむら》さん、遭難《そうなん》か！』から『植村《うえむら》さん、生存絶望《せいぞんぜつぼう》か！』にニュースが変《か》わってくると重苦《おもくる》しい空気《くうき》がはりつめはじめました。

アンナたちの飼育《しいく》を担当《たんとう》している深坂《ふかさか》さんも、植村《うえむら》さんが無事《ぶじ》に帰《かえ》ってくることを心待《こころま》ちにしていました。

――植村《うえむら》さんのような強《つよ》い精神力《せいしんりょく》を持《も》った人《ひと》が遭難《そうなん》するなんて……。植村《うえむら》さん。アンナが産《う》んだ子犬《こいぬ》を見《み》に来《き》たときの、あなたのうれしそうな笑顔《えがお》は忘《わす》れられません。初《はじ》めて会《あ》ったとき「犬《いぬ》のために厳《きび》しく育《そだ》ててください」という言葉《ことば》にも、人間味《にんげんみ》あふれるやさしい愛情《あいじょう》が感《かん》じられました――

そんなことを思《おも》いながら、深坂《ふかさか》さんが犬舎《けんしゃ》に行《い》くと、アンナとイヌートソアⅡ号《にごう》が、植村《うえむら》さんの遭難《そうなん》を知《し》ってか知《し》らずか、静《しず》かに横《よこ》たわっていました。アンナは十三歳《さい》、人間《にんげん》でいうとおばあちゃん。イヌートソアⅡ号《にごう》も九歳《さい》になり、一時《いっとき》に比《くら》べるとかなり体力《たいりょく》が弱《よわ》っていました。だから、その姿《すがた》は、大好《だいす》きな冬《ふゆ》だというのに、元気《げんき》がなく、どこかさびしそうでした。

そんなアンナたちを見《み》ていた深坂《ふかさか》さんは、胸《むね》の中《なか》でつぶやきました。

――植村《うえむら》さん。もう一度《いちど》アンナに会《あ》いにきてくれよぉ――

さよなら、落《お》ちこぼれ犬《いぬ》イグルー

一九八四（昭和《しょうわ》五十九）年《ねん》三月九日《がっここのか》――。

植村《うえむら》さんが、アラスカ・マッキンリーで消息《しょうそく》を断《た》ってから、すでに三週間《しゅうかん》が経過《けいか》していました。

マッキンリーでの植村《うえむら》さんの捜索《そうさく》をしていた明治大学《めいじだいがく》の山岳部《さんがくぶ》ＯＢの四人《にん》は、五二〇〇メートルの場所《ばしょ》で植村《うえむら》さんの持《も》ち物《もの》を発見《はっけん》しました。しかし、本人《ほんにん》の姿《すがた》がなかったことから、捜索《そうさく》を打《う》ち切《き》るという決断《けつだん》をしなければなりませんでした。

それは、植村《うえむら》さんが、雪《ゆき》と氷河《ひょうが》の中《なか》に、ひとりぼっちで消《き》えてしまったことを意味《いみ》していました。

『世界《せかい》の大冒険家《だいぼうけんか》・植村直己《うえむらなおみ》さんは、マッキンリーの雪《ゆき》に眠《ねむ》った』――そんな「植村《うえむら》さんの死亡《しぼう》は確定的《かくていてき》」というニュースが日本《にほん》を駆《か》けめぐった日《ひ》の午後九時半《ごごじはん》頃《ころ》でした。

「おびひろ動物園《どうぶつえん》」では、イグルーが犬舎《けんしゃ》の中《なか》で眠《ねむ》るように死《し》んでいるのを飼育係《しいくがかり》が発見《はっけん》しました。

イグルーの推定年齢《すいていねんれい》は十三歳《さい》でした。気象環境《きしょうかんきょう》の厳《きび》しい中《なか》でソリをひいていたエスキモー犬《けん》は、実年齢《じつねんれい》よりも四～五歳《さい》は老《お》いて見《み》え、八歳《さい》まで生《い》きれば長寿《ちょうじゅ》といわれています。それだけに、イグルーは大往生《だいおうじょう》だったのかもしれません。

翌朝《よくあさ》、中村《なかむら》さんは、亡骸《なきがら》の前《まえ》で、イグルーとの思《おも》い出《で》をよみがえらせていました。

「イグルー。おまえは長生《ながい》きしてくれたね。歳《とし》をとってからは、夏《なつ》の暑《あつ》さはこたえただろになぁ。それにしても、おまえをかわいがっていた植村《うえむら》さんの生存《せいぞん》が絶望《ぜつぼう》といわれた日《ひ》に死《し》んでしまうなんて、偶然《ぐうぜん》とはいえ、なにか因縁《いんねん》めいたものを感《かん》じるよ。植村《うえむら》さんとおまえが、同時《どうじ》に私《わたし》たちの前《まえ》からいなくなってしまうなんて、どうにもさみしくて、やりきれないよ。さよなら、イグルー」

イグルーは、植村《うえむら》さんとの「北極圏《ほっきょくけん》一万《まん》二千《せん》キロの旅《たび》」をしている途中《とちゅう》で、イヌイットから買《か》った犬《いぬ》です。旅行中《りょこうちゅう》は、ほかの犬《いぬ》とモメゴトをおこす、植村《うえむら》さんにとっては「もっとも世話《せわ》を焼《や》かせた犬《いぬ》」でした。けれども、人間《にんげん》に対《たい》して牙《きば》をむくことはありませんでした。イヌートソアＩ号《いちごう》が四年以上《ねんいじょう》も前《まえ》に死《し》んでしまった中《なか》、イグルーは「植村直己《うえむらなおみ》さんの冒険《ぼうけん》を支《ささ》えた犬《いぬ》」として動物園《どうぶつえん》にやってくる子《こ》どもの人気《にんき》者《もの》であり続《つづ》けました。

イグルーは、動物園《どうぶつえん》にやってきた当時《とうじ》は、五歳《さい》と若々《わかわか》しく、体長《たいちょう》一メートル、体重《たいじゅう》四十キロの大《おお》きな体《からだ》をしていました。けれども、息《いき》を引《ひ》き取《と》る四年前《ねんまえ》から体力《たいりょく》が弱《よわ》りはじめ、三年前《ねんまえ》から、激《はげ》しく動《うご》き回《まわ》らなくなっていました。

そんなイグルーが植村《うえむら》さんと最後《さいご》に会《あ》ったのが、前《まえ》の年《とし》の八月《がつ》でした。植村《うえむら》さんが奥《おく》さんの公子《きみこ》さんと来園《らいえん》したときに与《あた》えた干《ほ》し肉《にく》も、歯《は》がぬけ落《お》ちていたため食《た》べられないほどでした。カナダやアラスカで、凍《こお》ったアザラシの肉《にく》をかみ砕《くだ》いていた頃《ころ》の荒々《あらあら》しいイメージは、まったくなくなっていたのです。この年《とし》の夏《なつ》は、北海道《ほっかいどう》といえども暑《あつ》い日《ひ》が多《おお》かったので、年老《としお》いたイグルーは、さんさんと太陽《たいよう》が照《て》りつける季節《きせつ》を、ふせったままでやりすごしていました。

死《し》んでしまう寸前《すんぜん》のイグルーは、体重《たいじゅう》が三十キロになっていて、よく空《そら》を見上《みあ》げて、一日中《いちにちじゅう》、ボーッと過《す》ごすことが多《おお》くなってきました。それは、どこかおだやかに余生《よせい》を送《おく》っているようでもありました。そして、北海道《ほっかいどう》でも、一番寒《いちばんさむ》い季節《きせつ》が終《お》わって、温《あたた》かくなったり、寒《さむ》くなったりをくりかえしていた三月《がつ》、イグルーはこの世《よ》を旅立《たびだ》っていきました。とくに病気《びょうき》はなく、人間《にんげん》なら八十歳以上《さいいじょう》という年齢《ねんれい》での老衰《ろうすい》でした。

中村《なかむら》さんは、動物園《どうぶつえん》の人気者《にんきもの》だったイグルーの雄姿《ゆうし》を残《のこ》しておこうと思《おも》い立《た》ち、はく製《せい》にすることにしました。

札幌《さっぽろ》の業者《ぎょうしゃ》に依頼《いらい》して完成《かんせい》したはく製《せい》は、ぬけ毛《げ》も植毛《しょくもう》されて、元気《げんき》だった頃《ころ》の姿《すがた》そのままに復元《ふくげん》されて、「おびひろ動物園《どうぶつえん》」に戻《もど》ってきました。

親身《しんみ》になって介護《かいご》を続《つづ》けていた伊藤《いとう》さんたち動物園関係者《どうぶつえんかんけいしゃ》は、はく製《せい》を見《み》つめて、在《あ》りし日《ひ》のクールなイグルーを懐《なつ》かしがりました。

そんな中《なか》、「植村杯《うえむらはい》」をかけた今《こん》シーズン最後《さいご》の犬《いぬ》ゾリレースが、十勝平野南部《とかちへいやなんぶ》の更別村《さらべつむら》で開《ひら》かれました。このレースは、植村《うえむら》さんの奇跡《きせき》の生還《せいかん》を願《ねが》いながらも、植村《うえむら》さんをしのぶ追悼《ついとう》レースになりました。

――犬《いぬ》ゾリレースをいつまでも続《つづ》けていくことが植村《うえむら》さんへの供養《くよう》になるんだ――

――植村《うえむら》さん、遠《とお》くから帯広《おびひろ》をながめてください――

犬《いぬ》ゾリレースに参加《さんか》した人《ひと》たちは、それぞれに心《こころ》の中《なか》で、そう思《おも》っていました。

2
11

植村《うえむら》さんの魂《たましい》は、ここにある

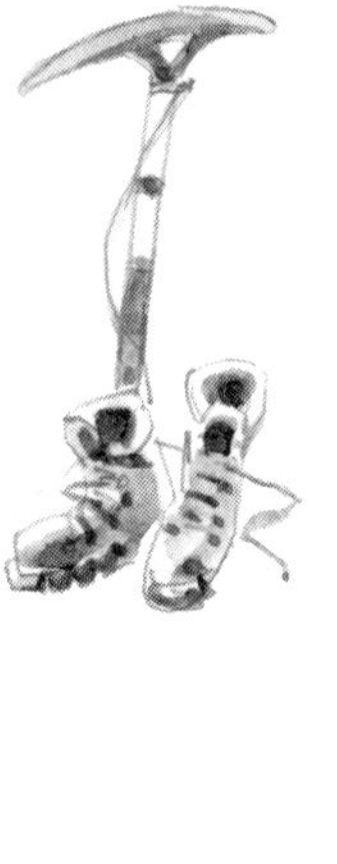

植村《うえむら》さんは何度《なんど》も足《あし》を運《はこ》んだ帯広《おびひろ》を「第《だい》二の故郷《こきょう》」と思《おも》っていました。だから、植村《うえむら》さんと帯広《おびひろ》の人《ひと》たちとの交流《こうりゅう》はますます盛《さか》んになろうとしていました。その矢《や》先《さき》のマッキンリーの遭難《そうなん》を、市民《しみん》の誰《だれ》もが信《しん》じられずにいました。

そして、時《とき》が流《なが》れていく間《あいだ》に「植村《うえむら》直己《なおみ》さんゆかりの地《ち》になにかを残《のこ》そう」と、「植村《うえむら》直己《なおみ》帯広会《おびひろかい》」が結成《けっせい》されました。この会《かい》の中《なか》で「植村《うえむら》さんの偉大《いだい》な業績《ぎょうせき》をたたえ、ロマンと夢《ゆめ》を追《お》い求《もと》めた生《い》き方《かた》を後世《こうせい》の人《ひと》たちに伝《つた》えるための記念館《きねんかん》を残《のこ》そう」という意見《いけん》が出《で》はじめました。

そこで「おびひろ動物園《どうぶつえん》」の中《なか》に、それもエスキモー犬舎《けんしゃ》の隣《となり》に記念館《きねんかん》を建設《けんせつ》することが決《き》まりました。

一九七四（昭和《しょうわ》五十九）年秋《ねんあき》から建設工事《けんせつこうじ》がはじまり、翌年《よくとし》一月《がつ》二十五日《にち》には、オープンの日《ひ》を迎《むか》えました。そして、建物《たてもの》の正式《せいしき》な名称《めいしょう》は「植村直己記念館《うえむらなおみきねんかん》・氷雪《ひょうせつ》の家《いえ》」に決定《けってい》しました。

この「氷雪《ひょうせつ》の家《いえ》」は、イヌイットやエスキモーたちの氷《こおり》の家《いえ》をモデルにした半球形《はんきゅうけい》で、外側《そとがわ》の壁《かべ》は氷《こおり》のブロックのような鉄筋《てっきん》コンクリート造《づく》りです。その広《ひろ》さは、直径《ちょっけい》が十メートル、高《たか》さが五メートルです。

「氷雪《ひょうせつ》の家《いえ》」のオープンには、奥《おく》さんの公子《きみこ》さんやお兄《にい》さんの修《おさむ》さん、そのほかにも植村《うえむら》さんとゆかりのある多《おお》くの帯広市民《おびひろしみん》が集《あつ》まりました。

「植村《うえむら》さんが私《わたし》たちの前《まえ》から姿《すがた》を消《け》してから一年《ねん》になろうとしています。市民《しみん》代表《だいひょう》、議会《ぎかい》などから『植村《うえむら》さんの足跡《そくせき》を、ここ帯広《おびひろ》に残《のこ》そう』という声《こえ》が出《で》て、〈氷雪《ひょうせつ》の家《いえ》〉の建設《けんせつ》に取《と》り掛《か》かりました。そして奥《おく》さんの公子《きみこ》さんから貴重《きちょう》な遺品《いひん》などを贈《おく》っていただき、こうして記念館《きねんかん》のオープンの日《ひ》を迎《むか》えることができました」

という帯広市長《おびひろしちょう》のあいさつの後《あと》、公子《きみこ》さん、修《おさむ》さんたちがテープにハサミを入《い》れました。

こうして、「氷雪《ひょうせつ》の家《いえ》」の扉《とびら》が開《ひら》かれました。

建物《たてもの》の中《なか》では、半分《はんぶん》の面積《めんせき》を使《つか》い、一緒《いっしょ》に氷《こおり》の上《うえ》の地《ち》を走《はし》ったエスキモー犬《けん》のはく製《せい》と、彼《かれ》らにひかれて氷原《ひょうげん》を行《い》く植村《うえむら》さんの雄姿《ゆうし》が、実物《じつぶつ》そっくりの人形《にんぎょう》で再現《さいげん》されました。このほか、植村《うえむら》さんのパネル写真《しゃしん》やザック・寝袋《ねぶくろ》・ヤッケ・ランプなどのシュラフなどの遺品《いひん》が並《なら》べられました。

公子《きみこ》さんは、そんな展示物《てんじぶつ》に目《め》をやりながら、植村《うえむら》さんのパネル写真《しゃしん》に向《む》かってつぶやきました。

「好《す》きなことをやって遊《あそ》び回《まわ》っていた人《ひと》が、ありがたいことに、お世話《せわ》になった大《だい》

おびひろ動物園《どうぶつえん》に建《た》てられた植村直己記念館《うえむらなおみきねんかん》「氷雪《ひょうせつ》の家《いえ》」。

好《す》きな帯広《おびひろ》のみなさんにいつまでもたいせつにされているなんて、ほんとうにあなたは幸《しあわ》せ者《もの》ね」

修《おさむ》さんも、パネルに向《む》かってつぶやきました。

「直己《なおみ》がこれほど、十勝《とかち》の人《ひと》たちと深《ふか》いかかわりを持《も》っていたとは知《し》らなかったよ。こんなに多《おお》くの人《ひと》たちに愛《あい》されたおまえは、ほんとうに幸《しあわ》せだったなぁ。おまえが『帯広《おびひろ》は第《だい》二の故郷《こきょう》だ』と言《い》っていたわけがわかったよ」

市民《しみん》の人《ひと》たちも、それぞれの胸《むね》の中《なか》で思《おも》っ

ていました。
――遺品《いひん》などを見《み》ていると植村《うえむら》さんの姿《すがた》がしのばれます――
――植村《うえむら》さんの身近《みぢか》なものを見《み》ていると、涙《なみだ》が出《で》てきそうだよ――
――植村《うえむら》さんに会《あ》いたくなったら、またここへ来《く》るからね――

この「氷雪《ひょうせつ》の家《いえ》」は、植村《うえむら》さんの偉大《いだい》な業績《ぎょうせき》をたたえる場所《ばしょ》であり、夢《ゆめ》を追《お》い求《もと》めた生《い》き方《かた》を後世《こうせい》に伝《つた》えるための場所《ばしょ》であると同時《どうじ》に、植村《うえむら》さんの息《いき》づかいを感《かん》じて、その魂《たましい》に会《あ》いにくる空間《くうかん》となりました。

植村直己記念館
氷雪の家

アンナたちと、いつまでも

一九八六（昭和《しょうわ》六十一）年《ねん》七月《がつ》――。
植村《うえむら》さんが厳冬《げんとう》のマッキンリーで姿《すがた》を消《け》してから、二年半《ねんはん》が過《す》ぎようとしていました。
旭川市《あさひかわし》の「旭山動物園《あさひやまどうぶつえん》」では、一年前《ねんまえ》にイヌートソアⅡ号《にごう》が息《いき》を引《ひ》き取《と》っていました。そして、アンナの体力《たいりょく》も急激《きゅうげき》に弱《よわ》まりはじめていたため、犬舎《けんしゃ》ではなく、越冬舎《えっとうしゃ》であるプレハブ小屋《ごや》で飼育《しいく》されていました。
アンナがだんだんと衰弱《すいじゃく》しているのは、もちろん飼育係《しいくがかり》の深坂《ふかさか》さんにはわかっていました。食欲《しょくよく》も落《お》ちてきて、立《た》ち上《あ》がることはほとんどなくなり、ふしている状態《じょうたい》が多《おお》くなっていたのです。

そんな中《なか》の七月《がつ》十七日《にち》、深坂《ふかさか》さんが小屋《こや》の扉《とびら》を開《あ》けると、アンナがぴくりとも動《うご》かずに横《よこ》たわっていました。

深坂《ふかさか》さんが近《ちか》づいていくと、アンナの呼吸《こきゅう》は止《と》まっていました。静《しず》かに十六年《ねん》の生涯《しょうがい》を閉《と》じたのです。

深坂《ふかさか》さんは、思《おも》い出《で》がいっぱい残《のこ》るアンナの頭《あたま》を、動物園《どうぶつえん》にやってきたときと同《おな》じように、やさしくなで続《つづ》けました。

「アンナ、天《てん》から与《あた》えられた命《いのち》をまっとうしたんだね。おまえらしい、静《しず》かな旅立《たびだ》ちだよ。覚悟《かくご》はしていたけれど、やっぱりさみしいや」

深坂《ふかさか》さんは、昨日《きのう》の夜《よる》、アンナが自分《じぶん》に向《む》けて、ウォ〜〜ンと吠《ほ》えていたのを思《おも》い出《だ》していました。その遠吠《とおぼ》えが、なにを意味《いみ》していたのかはわかりませんが、自分《じぶん》になにかを言《い》おうとしていたことは感《かん》じていました。

また、アンナは動物園《どうぶつえん》にやってきたときから、ずっとやさしさを持《も》ち続《つづ》けた犬《いぬ》でした。それでも、アンナが自然《しぜん》の中《なか》で生活《せいかつ》する、荒々《あらあら》しい本能《ほんのう》を一度《いちど》だけ、垣間見《かいまみ》せたデキゴトがありました。

＊　＊

それは、毎年《まいとし》、旭川《あさひかわ》の街中《まちなか》で行《おこな》われている「旭川冬《あさひかわふゆ》まつり」でのことでした。

その年《とし》も、町《まち》の広場《ひろば》でのイベントの一《ひと》つとして、動物園《どうぶつえん》からアンナとイヌートソアⅡ号《にごう》と一緒《いっしょ》にヤギとロバも連《つ》れていき、たくさんの人《ひと》たちに見《み》てもらうことになっていました。とくに、アンナとイヌートソアⅡ号《にごう》は、「植村直己《うえむらなおみ》さんとともに北極圏《ほっきょくけん》を駆《か》けぬけた犬《いぬ》」ということで人気《にんき》を集《あつ》めていました。

そして「冬《ふゆ》まつり」の最終日《さいしゅうび》に事件《じけん》はおこりました。帰《かえ》り支度《じたく》をしていると、一頭《とう》のヤギがオリに入《はい》るのをいやがって、深坂《ふかさか》さんたち飼育員《しいくいん》のすきをついて逃《に》げ出《だ》してしまったのです。

飼育員《しいくいん》は捕《つか》まえようと追《お》いかけました。けれども、ヤギは身軽《みがる》に逃《に》げ回《まわ》りました。

「あっ、ヤギが逃《に》げてるぞ！」

「冬《ふゆ》まつり」が終《お》わって家路《いえじ》につこうとしていた観客《かんきゃく》が、面白《おもしろ》がって集《あつ》まってきました。

しばらくすると、ヤギは鎖《くさり》につながれていたアンナたちのそばへ近《ちか》づいていきました。それまでヤギに興味《きょうみ》を示《しめ》さずに寝《ね》ていたアンナとイヌートソアⅡ号《にごう》は、目《め》をパッと見開《みひら》いて飛《と》びおきました。次《つぎ》の瞬間《しゅんかん》には、ヤギの首《くび》にかみついて、アゴの力《ちから》で引《ひ》き倒《たお》してしまいました。

――このままでは、ヤギがかみ殺《ころ》されてしまう――

深坂《ふかさか》さんたち飼育員《しいくいん》は、二頭《とう》の犬《いぬ》とヤギの間《あいだ》に割《わ》って入《はい》り、救出《きゅうしゅつ》しようとしました。

「こら、アンナ！　なにをしているんだ‼」

「イヌートソアⅡ号《にごう》！　ヤギを放《はな》せ‼」

すると二頭《とう》は、すぐにヤギを放《はな》して、服従《ふくじゅう》の態度《たいど》をとりました。

飼育員《しいくいん》たちは、ほっと胸《むね》をなでおろしました。と同時《どうじ》に、エスキモー犬本来《けんほんらい》の荒々《あらあら》しさを見《み》た思《おも》いでした。

幸《さいわ》いにしてヤギも無事《ぶじ》に、動物園《どうぶつえん》に戻《もど》ることができたのです。

＊　＊

深坂《ふかさか》さんは、そんなアンナたちとの思《おも》い出《で》を心《こころ》の中《なか》に浮《う》かべていました。

――これで「北極圏《ほっきょくけん》一万《まん》二千《せん》キロの旅《たび》」をして北海道《ほっかいどう》にやってきた犬《いぬ》たちは、すべていなくなってしまったなぁ。いま思《おも》えば、過酷《かこく》な「北極圏《ほっきょくけん》一万《まん》二千《せん》キロ」を走《はし》りぬいたにもかかわらず、アンナは長生《ながい》きしてくれたんだなぁ。ありがとう。今頃《いまごろ》、天国《てんごく》の植村《うえむら》さんと、再会《さいかい》して遊《あそ》んでいるのかなぁ――

その後《ご》、アンナの亡骸《なきがら》もはく製《せい》にされ、「おびひろ動物園《どうぶつえん》」の「氷雪《ひょうせつ》の家《いえ》」に陳《ちん》列《れつ》されることが決《き》まりました。全身《ぜんしん》が薄《うす》い灰色《はいいろ》を帯《お》びて、両耳《りょうみみ》と鼻《はな》が黒《くろ》の、小柄《こがら》でおとなしそうな姿《すがた》がよみがえったのです。

「氷雪《ひょうせつ》の家《いえ》」に展示《てんじ》されるアンナのポジションは、そう、もちろん先頭《せんとう》です。りりしい顔《かお》つきのまま前《まえ》を見《み》すえて、ソリをひっぱる姿《すがた》は、あのときのままなのです。

一九八五（昭和《しょうわ》六十）年《ねん》、帯広《おびひろ》には、植村《うえむら》さんを慕《した》う人《ひと》たちが集《あつ》まってつくった「植村《うえむら》直己《なおみ》帯広《おびひろ》野外《やがい》学校《がっこう》」ができました。そうです。植村《うえむら》さんの「次《つぎ》の夢《ゆめ》」が、十勝《とかち》の大地《だいち》で実現《じつげん》されたのです。

その野外《やがい》学校《がっこう》では、犬《いぬ》ゾリレースが行《おこな》われます。ソリを操《あやつ》るのは、植村《うえむら》さんと深《ふか》い友情《ゆうじょう》で結《むす》ばれた帯広《おびひろ》の人《ひと》たちです。そして、ソリをひく犬《いぬ》は、アンナがこの世《よ》に命《いのち》をリレーしていった子孫《しそん》たちです。

植村《うえむら》さんの精神《せいしん》を受《う》け継《つ》いだ「人《ひと》」と、アンナの血《ち》を受《う》け継《つ》いだ「犬《いぬ》」が、毎《まい》年《とし》、犬《いぬ》ゾリレースを行《おこな》っているのです。

人《ひと》や犬《いぬ》の命《いのち》には限《かぎ》りがあります。けれども、そんな命《いのち》が遺《のこ》していった魂《たましい》は、私《わたし》たちの心《こころ》からそう簡単《かんたん》には消《き》えるものではないのかもしれません。

町《まち》の小高《こだか》い丘《おか》にある「おびひろ動物園《どうぶつえん》」。その中《なか》にある半円球《はんえんきゅう》の空間《くうかん》で、植村《うえむら》さんの人形《にんぎょう》とアンナたちのはく製《せい》を見《み》つめながら、そっと耳《みみ》を澄《す》ませば、こんな声《こえ》が聞《き》こえてきそうです。

「お〜〜い。もうすぐゴールだぞ。アンナ、そんなに急《いそ》がなくてもいいんだぞ。アハハハハハッ。ゆっくり走《はし》れ、ゆっくり。あれが、夢《ゆめ》にまでみた、旅《たび》の最終《さいしゅう》ゴール、コツビューの町《まち》なんだぞ〜〜」

おわりに

いかがでしたか？　植村直己《うえむらなおみ》さんとアンナたちの物語《ものがたり》……。

この物語《ものがたり》を書《か》いている途中《とちゅう》、ぼくは日本《にほん》でも有名《ゆうめい》な冒険家《ぼうけんか》と、偶然《ぐうぜん》、お目《め》にかかる機会《きかい》がありました。その人《ひと》は、目《め》の前《まえ》でエスキモー犬《けん》をソリに繋《つな》いで、雪《ゆき》の上《うえ》を走《はし》っていました。

ぼくは、アンナやイヌートソアⅠ号《いちごう》・Ⅱ号《にごう》も、こんな具合《ぐあい》に「旭山動物園《あさひやまどうぶつえん》」や「おびひろ動物《どうぶつ》園《えん》」でソリをひいていたんだなぁと思《おも》いながら見《み》ていました。そして、「人《ひと》は穏《おだ》やかな陽《ひ》だまりで、日《ひ》なたぼっこをしながら遠《とお》い昔《むかし》の嵐《あらし》の日々《ひび》を思《おも》い出《だ》しているときが一番幸《いちばんしあわ》せだ」――そんなような言葉《ことば》をぼんやりと頭《あたま》の中《なか》に浮《う》かべていました。アンナたちもまた、旭川《あさひかわ》や帯広《おびひろ》でのんびりと過《す》ごしながら、北極圏《ほっきょくけん》の旅《たび》を思《おも》い出《だ》していたのかもしれません。

それと、この本《ほん》の中《なか》でも出《で》てきましたが、イヌイットおよびエスキモーの人《ひと》たちにとって、ほとんどのエスキモー犬《けん》はペットではなく、人間《にんげん》の生活《せいかつ》を支《ささ》える仕事《しごと》をして食《た》べ物《もの》を与《あた》えられる使役犬《しえきけん》でした。アンナもまた、ソリをひくだけの生涯《しょうがい》を送《おく》るはずだったのでしょう。

ところが、日本《にほん》からやってきた植村《うえむら》さんと出会《であ》い、「単独《たんどく》犬ゾリ北極圏《ほっきょくけん》一万《まん》二千《せん》キロの旅《たび》」を支《ささ》えることになりました。犬《いぬ》の運命《うんめい》とはわからないものです。そして、現在《げんざい》でははく製《せい》になって、いつまでも人《ひと》たちに語《かた》り継《つ》がれる犬《いぬ》となりました。

また、人《ひと》には「風型《かぜがた》」と「土型《つちがた》」がいるそうです。「風型《かぜがた》」の人《ひと》は、はるか遠《とお》くの土地《とち》に思《おも》いを馳《は》せ、未知《みち》なる場所《ばしょ》へと踏《ふ》み出《だ》していきます。もしかしたら「風型《かぜがた》」の人《ひと》は、もともと体《からだ》の中《なか》の遺伝子《いでんし》に「遠《とお》くはなれた場所《ばしょ》へ旅立《たびだ》つプログラム」が隠《かく》されていると思《おも》うことがあります。そんな自分《じぶん》でもわからぬまま、辺境《へんきょう》の地《ち》へと旅立《たびだ》っていく「風型《かぜがた》」の代表《だいひょう》が植村《うえむら》さんだったのかもしれません。

植村《うえむら》さんは、「単独犬《たんどくいぬ》ゾリ北極圏《ほっきょくけん》一万《まん》二千《せん》キロの旅《たび》」を成功《せいこう》させたあと、ある人《ひと》からサインを頼《たの》まれて、『アンナと共《とも》に　植村直己《うえむらなおみ》　一九七八・一・七』と色紙《しきし》に記《しる》したそうです。「単独犬《たんどくいぬ》ゾリ北極圏《ほっきょくけん》一万《まん》二千《せん》キロの旅《たび》」は単独《たんどく》ではなかったのです。アンナをはじめ、いろいろな犬《いぬ》がいたのです。

「お会《あ》いしたことはありませんが、なぜか親《した》しい人《ひと》のような気《き》がします。捜索《そうさく》のお役《やく》に立《た》ててください」

「植村《うえむら》さんが南極《なんきょく》に行《い》かれたとき、餞別《せんべつ》にと送《おく》ったお金《かね》が『お気持《きも》ちだけいただきます』と送金《そうきん》されてきました。これは、そのときのお金《かね》です。今度《こんど》こそ、使《つか》ってください」

植村《うえむら》さんが北米《ほくべい》の最高峰《さいこうほう》マッキンリーで消息《しょうそく》を断《た》ったとき、捜索隊《そうさくたい》を送《おく》り出《だ》していた母校《ぼこう》の明治大学山岳部《めいじだいがくさんがくぶ》OB会《かい》には、そんな手紙《てがみ》が添《そ》えられたカンパが日本全国《にほんぜんこく》からよせられたそうです。

ぼくが植村《うえむら》さんの遭難《そうなん》のニュースを聞《き》いたのは、高校三年生《こうこうさんねんせい》のときでした。身内以外《みうちいがい》の人《ひと》が他界《たかい》して、初《はじ》めて涙《なみだ》を流《なが》したのを覚《おぼ》えています。登山《とざん》にも冒険《ぼうけん》にも関心《かんしん》のなかったぼくでしたが、入学願書《にゅうがくがんしょ》や履歴書《りれきしょ》の尊敬《そんけい》する人《ひと》の欄《らん》にはいつも『植村直己《うえむらなおみ》』と記《しる》していました。有名《ゆうめい》な人《ひと》でありながら、飾《かざ》らない人柄《ひとがら》が大好《だいす》きだったのです。

そのような植村《うえむら》さんの「犬《いぬ》たちとの物語《ものがたり》」を書《か》かせていただくことができたのは、幸運《こううん》だったし、植村《うえむら》さんゆかりの東京《とうきょう》の植村冒険館《うえむらぼうけんかん》をはじめ、北海道《ほっかいどう》の旭川市《あさひかわし》や帯広市《おびひろし》を訪《たず》ね歩《ある》いたのも思《おも》い出深《でぶか》い旅《たび》となりました。
『植村直己《うえむらなおみ》と氷原《ひょうげん》の犬《いぬ》アンナ』を書《か》くことを快《こころよ》く承諾《しょうだく》していただいた植村公子《うえむらきみこ》さんをはじめ、多《おお》くの方々《かたがた》のご協力《きょうりょく》をもってこの本《ほん》が完成《かんせい》いたしました。この場《ば》を借《か》りてお礼申《れいもう》し上《あ》げます。
舞台《ぶたい》を北極圏《ほっきょくけん》から北《きた》の大地《だいち》・北海道《ほっかいどう》に移《うつ》した物語《ものがたり》を『植村直己《うえむらなおみ》と氷原《ひょうげん》の犬《いぬ》アンナ』として世《よ》に出《だ》してくれた、ハート出版《しゅっぱん》の日高裕明社長《ひだかひろあきしゃちょう》、藤川《ふじかわ》すすむ編集長《へんしゅうちょう》、西山世司彦《にしやまよしひこ》さん、社員《しゃいん》の皆《みな》さん、画家《がか》の日高康志《ひだかやすし》さんにも感謝《かんしゃ》の意《い》を述《の》べておきます。

平成《へいせい》十七年《ねん》三月《がつ》　関《せき》　朝之《ともゆき》

〈お断《ことわ》り〉本文中《ほんぶんちゅう》の場面《ばめん》は事実《じじつ》に基《もと》づいて書《か》きましたが、作者《さくしゃ》が創作《そうさく》したシーン・セリフもあることをご了解《りょうかい》ください。

【取材協力】植村公子《うえむらきみこ》さん／植村修《うえむらおさむ》さん／小菅正夫《こすげまさお》さん／深坂勉《ふかさかつとむ》さん／伊藤直實《いとうなおみ》さん／中村壽満子《なかむらすまこ》さん／旭川市旭山動物園《あさひかわしあさひやまどうぶつえん》／帯広市《おびひろし》おびひろ動物園《どうぶつえん》／旭川市中央図書館《あさひかわしちゅうおうとしょかん》／㈶植村記念財団《うえむらきねんざいだん》 植村冒険館《うえむらぼうけんかん》

●作者紹介 関 朝之（せき　ともゆき）

1965年、東京都生まれ。城西大学経済学部経済学科、日本ジャーナリストセンター卒。仏教大学社会学部福祉学科中退。スポーツ・インストラクター、バーテンダーなどを経てノンフィクション・ライターとなる。医療・労働・動物・農業・旅などの取材テーマに取り組み、同時代を生きる人たちの人生模様を書きつづけている。日本児童文学者協会会員、日本児童文芸家協会会員。

著書に『瞬間接着剤で目をふさがれた犬 純平』『救われた団地犬ダン』『高野山の案内犬ゴン』『のら犬ゲンの首輪をはずして！』『学校犬マリリンに会いたい』（以上ハート出版）『歓喜の街にスコールが降る』（現代旅行研究所）『たとえば旅の文学はこんなふうにして書く』（同文書院）『10人のノンフィクション術』『きみからの贈りもの』（青弓社）『出会いと別れとヒトとイヌ』（誠文堂新光社）など。

●画家紹介 日高 康志（ひだか　やすし）

本名・日高靖志。1951年、宮崎県生まれ。洋画家の故・宮永岳彦画伯（二紀会理事長）に入門、内弟子となり、15年間修行。1976年、二紀会絵画部門に初入選、以後毎年入選するほか、二紀会選抜展、東京二紀会受賞、個展多数。現在、日本美術家連盟会員。

主な作品に『帰ってきたジロー』『おてんば盲導犬モア』『学校犬クロの一生』（以上ハート出版）ほか、多数。

主な参考資料

『北極圏一万二千キロ』（文春文庫）『植村直己 妻への手紙』（文春新書）『青春を山に賭けて』（文春文庫）『極北に駆ける』（文春文庫）『旭川叢書 第23巻』（旭川振興公社）『極北に消ゆ』（山と渓谷社）『我が友植村直己』（立花書院）「旅日記 創刊号」（原人舎）「植村直己・これが北極圏の旅だ」（財植村記念財団 植村冒険館）

植村直己と氷原の犬アンナ

平成17年4月23日　第1刷発行

ISBN4-89295-512-4 C8093

発行者　日高裕明

発行所　ハート出版

〒171-0014

東京都豊島区池袋3-9-23

TEL・03-3590-6077 FAX・03-3590-6078

ハート出版ホームページ http://www.810.co.jp/

印刷　中央精版印刷

★乱丁、落丁はお取り替えします。その他お気づきの点がございましたら、お知らせ下さい。

編集担当／西山